正解は、コーヒーに訊け。

WAKO COFFEE
荻原 駿

That's
my impressive coffee.
Shun Ogihara

三才ブックス

はじめに――私が「コーヒー屋」になるまで

銀色のチャリンコにまたがり、寒風の吹き荒ぶ街を疾走していた高校二年の冬。

地元の愛媛県宇和島市にオープンした自家焙煎店・珈琲亭TAOをきっかけに、私のコーヒー人生は幕を開けた。

当地では珍しかった自家焙煎店の開業を聞きつけ、コーヒー好きの両親が買ってきたのはブラジル、コロンビア、エチオピアの三銘柄。二人はそれらの名が書かれたラベルを伏せ、実家のリビングでいわゆる「利きコーヒー」を行っていた。

二人のいつになく真剣な表情に少しの興味を惹かれた私は、それまで好き好んで飲んだことのない黒い液体に近づき、卓上に並べられたカップを素知らぬ顔で啜った。

すると、三つのカップの中に一つだけ、明らかに苦味ではない何かを感じる一杯がある。もちろん今のように、味を言語化する能力は持ち合わせていない。でも、確かに何かが違うのだ。

両親は、三つのカップがブラジル、コロンビア、エチオピアという三銘柄のいずれかであ

るという。私は、明らかに味の違いを感じるカップについて、どこかで聞きかじったことのある高級そうな銘柄をつぶやいてみた。

「これがエチオピアよね？」

そうして私は銘柄名のラベルが伏せられていた豆袋を手に取った。

そこには「エチオピア モカ シダモ」と書かれていた。

もとより自惚(うぬぼ)れの強い私は、そのまぐれ当たりから、自らの舌に微(かす)かな手応えを感じ、その驕(おご)りを心の内で静かに反芻(はんすう)した。

珠算に水泳、ピアノといった習い事をするも、とりわけ後に残るようなものはなく、中学から五年続けているバスケも終始一貫ベンチを温め続けるばかり。うぬぼれが強い割にそれに適う結果を出せず、その都度妄想から現実へと引き戻されてきた十七年。「才能」という言葉と無縁であった私は、その芽吹きとも思える小さな出来事にささやかな高揚を覚えた。

しかし、その根拠となるものを言語化することはもちろんできない。液面をゆらゆらと揺らす目の前の黒い液体の、微細な味の違いは薄く霞(かすみ)がかったままだった。

翌日、私は部活帰りに、両親がコーヒー豆を購入したという店を訪れた。三つの商店街からなる宇和島市内で最も大きなアーケード街に、その店「珈琲亭ＴＡＯ」はあった。

木目を基調とした店構え、客席側がガラス張りになっている店内は、カウンターの奥に並ぶ多種多彩なコーヒーカップを店先に覗かせている。正面には、大きなガラス窓のついた木製の引き戸。それを左にゆっくりと滑らせると、遅れてカランカランとカウベルが鳴った。

多少おどつきながら足を踏み入れた店内には、その玄関口に巨大なフラスコのようなガラス製の器具が悠然と起立している。対面には、ドラム缶を輪切りにしたような無骨な機械が、いぶし銀の貫禄を負けじと醸していた。

異世界に迷い込んだかのような感覚と、場違いな空間に足を踏み入れてしまったという後悔。しかし、今しがた鳴った頭上のカウベルは、私の入店を律儀に店内へと伝えている。

目にしたことのない器具や機械。それらがまとうムードに気圧されて伏せ目がちに視線を泳がせていると、店奥から「こんにちは」という女性の声が聞こえた。

声の主であるシルエットが、視界の端にチラリとかすむ。中空を漂う視線を無理やりに奥にやると、ふんだんに差し込む陽の光が照らす煌びやかな店内の全景が見えた。

数席のカウンターを隔てて、右手側に客席、左手側に厨房と分けられた空間には、この場所で何十年も喫茶営業をしていたかのようなクラシカルでダンディな風情がある。そこには、この先、私が唯一「マスター」と「オーナー」と呼ぶようになる二人の男女が立っていた。

目の前の客席側に立つのは、頭に赤いバンダナを巻き、淡く細い金縁の眼鏡をかけた五、六十代の男性。タイトめのジーンズをスラリと履きこなし、肘まで折り込んだ長袖の黒シャツに、柄の入った銀色のネクタイを締めている。その上にデニム生地のノースリーブジャケットを羽織り、痩せているというよりは、その装いも含めシャープなウエスタン風の男性だ。

そして厨房の奥では、白シャツにエンジ色のネクタイを締め、赤いフレームの眼鏡に黒いハンチング帽を被った女性が、何か忙しそうに作業をしている。彼女はこちらに振り向き、にこやかに「こんにちは」と繰り返した。


初めて立ち入る大人の空間に、高校生の私は人一倍緊張していた。背中に筆文字で大きく「籠球部」と書かれたジャージに、エナメルのスポーツバッグを斜めがけした姿は、言われるまでもなく場違いであったに違いない。

そんな私を快く迎えてくれた珈琲亭ＴＡＯは、マスターが主にコーヒーを担当し、オーナーが菓子やフードを担当しているのだと後に知ることになる。

そんなことはつゆも知らない高校生は、距離が近かった男性に、緊張からくるモゴモゴとした早口で用件を伝えた。

「このお店で親が三種類のコーヒーを買ってきたんですけど、ほかのもあるんですか？」

昨日の自分が疑問に感じたエチオピアの風味に言及するほどの余裕は、店の玄関口に落としてしまっていた。今はとにかく、穏便に買い物だけしてカウベルの音を背に店を出たい。そんな高校生に、二人は愛想良く対応してくれた。とはいえ、ナーバスになってしまっている私は、終始単調な受け答えしかできない。

結局、様々なコーヒーを飲んでみたら？とのことで、その時に選んだのは、親が買った三種とかぶらないタンザニアとグァテマラだった。そして本来一〇〇グラムからの豆売りを、高校生のささやかな小遣いでも楽しめるようにと、特別に五〇グラムから売ってくれた。最後にグラインダーの有無を問われると、取り立てて自宅のコーヒー器具に興味がなかったため「わからない」とだけ答える。必要最低限だけの言葉を交わして選んだ二つの豆は、その場で挽いてもらうことにした。

レジで数百円の会計を済ませ、芳しい香りのする二つの袋を受け取ると、斜めがけしたスポーツバックの前ポケットにグイッと押し込んだ。

愛想もほどほどにそそくさと店を後にした私は、言われるがままに購入したコーヒーを持って帰り、自宅のコーヒーメーカーで落とした。

コポコポとささやくマシンと向き合い、機器のすき間から漏れ出る白い湯気を静かに眺める。しばらくそうしていると、それらしいコーヒーの匂いが部屋一帯に広がっていたことに気づいた。音のしなくなったコーヒーメーカーから慎重にサーバーを取り外す。私は人生で初めて自らの手で作ったコーヒーを、適当に食器棚から取り出した小ぶりのカップに注いだ。茶色い液面からは白い湯気がスーッと立ち昇る。私はどこかで聞き覚えのある「淹れたて」という言葉を咀嚼しながら、カップを口元で傾けた。

この時のコーヒーの味を思い出すことはできない。この一杯では要領を得ず、昨日の疑問が、てんで解消されなかった記憶だけが残っている。

そこからは、ＴＡＯで豆を買うだけでなく、持ちうる小さな勇気を振り絞ってカウンター席に座り、「本日のコーヒー」という、その日の最も手頃なコーヒーを一杯だけ注文する生活が始まった。


「コーヒーにはアラビカとロブスタっていうのがあってな」

「コーヒー豆は、もとは白いんよ。ほら」

「こういう悪い豆を焙煎する前に弾くんよ。ハンドピックやってみるか？」

「マンデリンは昔の方が美味かってなぁ」

「モカ マタリには、こんな裏話があってな」

ＴＡＯを開く前、別の場所で数十年喫茶店を営んでいたマスターは、コーヒーに博識であった。そんなマスターがカウンター越しに話す種々雑多なコーヒーの話。そのコーヒー講談ともいうべき語りに、私は長い日には四、五時間に渡って耳を傾けていた。

オーナーとは日々の学生生活で起こる、とりとめもない日常を気ままに話す。そうしてはじめは緊張を感じていた店の雰囲気にも次第に慣れ、時折、他のお客が注文したコーヒーの余りを試飲させてもらいながら、高校を卒業をするまでの月日をそこで過ごした。いつしか私は、コーヒーを通して自分の将来像を描くようになっていた。

高校を卒業し、喫茶店の数が日本一とも言われる街、大阪の大学に進学した私は、高校の頃とは比べ物にならないほどの解放感と無敵感を漂わせながら、コーヒーに対する気勢を爆発させた。

街中で「コーヒー」「珈琲」「Ｃｏｆｆｅｅ」という字面を見かけるや否や、そのすべての扉を叩いて回る日々。とにかくコーヒーのことが知りたいという一心で、その店の主人に話しかける。ひたすらにがむしゃらで、今では反省すら覚える当時の不躾な態度に、時としてキツいお叱りを受けることもあった。

そんな有難い叱咤や説教を幾度も受ける中で、とりわけ心が折れることなく邁進していけたのは、世間知らずゆえに備わっていた鈍感力のおかげかもしれない。

来る日も来る日もコーヒー屋巡りを敢行する中で、コーヒーを取り巻く要素には、「抽出」や「焙煎」にとどまらず、「仕入れ」「保管」「空間作り」など、枚挙にいとまがないことに気づき始める。荒っぽく前のめりな情熱で動き回る一方で、私はコーヒーというものに対して茫漠とした気持ちを抱くようになっていた。

そんな折、現職である株式会社ワコーの代表、乾氏と出会い、そこで「Ｑグレーダー」なるコーヒーに関する資格が存在ことを知る。コーヒーの品質を見極める技能者を認定するための国際資格で、筆記試験はもちろん、味覚や嗅覚などの実技審査も行われる。ただし、その受講・受験費用は三十万円を超えるという。

コーヒーを取り巻く要素は様々あれど、目の前の一杯の「良し悪し」をきちんと判断できるようになれば、コーヒーで生きていくための「軸」になるのではないか。

学生にとって決して安くない挑戦費用に刹那の怯みを見せつつも、私は将来の職をコーヒーと決め打ちしていたことに意を決する。一年間貯めていたバイト代に、半年間に渡って切り詰めた生活費を全て注ぎ込み、大学一回生の冬に「Ｑグレーダー」を受講、資格取得に挑戦した。

その試験はいったん不合格となったが、二度の追試の末、晴れて合格。Qグレーダー資格の取得に至る。一度目の追試で合格を逃し、次を逃すとゼロからのスタートになることが確定した日の帰り道は、文字通り、世界が白黒に見えた。それを乗り越えて勝ち取ったようやくの合格通知。もちろんうれしかった。しかし、何より価値があったのは、このチャレンジを通じて、学生ながらに多くのコーヒー関係者と知り合えたことだ。それによって私はますますコーヒーに傾倒する。

Qグレーダー試験で知り合ったコーヒーの業者が開催していた、オープンカッピングへの参加。プロが集う緊張感の中で、様々なコーヒーとの出会いを繰り返した。

コーヒー生産国でよく使われるスペイン語を習得するための中米グァテマラへの語学留学。そこでは人生初のコーヒー農園訪問も体験した。

とにかくコーヒーが絡む面白そうな話があれば、バックパックを背負って出かけていく。「コーヒーが採れる」との話を聞きつけてたどり着いた台湾の嘉義(かぎ)では、日本語を話せる老人に、「ここにコーヒーはない。とりあえずこれでも飲みな」と烏龍茶を頂戴して、そそくさとトンボ返りするという、そそっかしい失敗もあった。

卒業論文は、例年激しく変動するコーヒーの国際価格をテーマに制作。およそ一年半を掛けて仕上げたその論文の文字数は、ゆうに二万字を超えた。

と言っていい。

よく「バラ色」などと形容される大学生活だが、私の場合は完全に「茶褐色」に染まった

卒業後はコーヒー専門商社へ就職、そして、焙煎加工業を主とする現職への転職へと至る。職業人としてコーヒーと向き合い、様々な人と仕事をする中で、コーヒーへの視点はさらに俯瞰的になると同時に、ある種の冷静さも合わせ持つようになった。

気づけば自分の部屋からいっさいのコーヒー器具が姿を消していた。

いつの間にか自宅でコーヒーを淹れなくなっていたが、それを残念なことだとは思わなかった。これはコーヒーへの熱が冷めたのではなく、自分とコーヒーとの関係が、ある意味「洗練」されたのだと感じていたのだ。

ならば、洗練された結果、自分に残ったものとは何か？

学生時代、数多くのコーヒーの現職関係者と付き合う中で、誰かが言った「コーヒーの何がしたいの？」という問いを思い出し、時折、それを反芻した。

自分はコーヒーの何がしたいのか？　おそらくそれは、コーヒーという広大無辺な飲み物の魅力を、もっと多くの人に伝えること、知ってもらうことだ。

コーヒーは、単に美味しさだけで語るには、実にもったいない存在だ。この茶褐色の液体

は、暮らしであり、文化であり、歴史であり、旅であり、時に職業でもある。その解釈を広げることで遊び道具にもなり、薬にもなり、競技にもなり、人と人とを繋ぐ言語にもなる。

高校二年の冬に出会って以来、自分を自分たらしめてきたコーヒー。その面白さ、楽しさ、幅広さ、奥深さを、自分なりのアプローチで縦横無尽に表現すること。そこに自分の立ち位置を見出すことがコーヒーに対する私の本意であり、そのための表現手段がＹｏｕＴｕｂｅをはじめとするＳＮＳであり、今書いているこの文章でもあるのだ。

「コーヒーに正解はない」という言葉がある。

「コーヒーの好みは人それぞれ。だから正解などない」というわけだ。

もちろん意味はわかる。コーヒーの美味しさや淹れ方は、百家争鳴であるべきだろう。ただ、「コーヒーに正解はない」というフレーズが、色々な場面で紋切り型に使われているようで、私はどうにも好きになれない。それは、目の前にある一杯に対して、どこか「諦め」や「不干渉」のスタンスを感じさせるからだ。

まずもって言いたい。「美味しくない」コーヒーは必ずある。そのコーヒーは、それを口にする当人にしてみれば不正解以外の何物でもないだろう。不正解のコーヒーがあるということは、コーヒーの正解はやはり「ある」のだ。

さらに言えば、その正解を導き出す要素が「味」や「淹れ方」だけに留まらないのがコーヒーである。

どこで、どんな時に飲むのか、誰と飲むのか、誰が淹れてくれるのか、どんな食べ物と一緒に口にするのか。もし味が口に合わなかったとしたら、その理由はどこにあるのかなどをあれこれと思索できるのが、コーヒーという飲み物のロマンであり、秀逸さでもある。

そして、この茶褐色の液体を生み出す農産物がどんな国からやってくるのか。その国の歴史や文化、暮らしに思いを馳(は)せてみる。目の前の一杯の背景にあるものを探ることで、不正解と思えたコーヒーが、正解のコーヒーに書き替えられることもあるのだ。

もう一度言おう。コーヒーに正解は、ある。

そして正解は、コーヒーの中にある。

荻原(おぎはら) 駿(しゅん)

目次

第二章　コーヒーともっとつき合う

第三章　コーヒーともっと旅する

第1章

コーヒーをもっとたしなむ

1 イタリアの焼き菓子でカフェラテを"食べる"

ビスコッティという焼き菓子をご存じだろうか。

生まれはイタリアの中部、芸術の都フィレンツェが位置するトスカーナ地方にあり、最たる特徴はその「硬さ」にある。

ビスコッティの語源は、ラテン語の「二度＝ビス、焼く＝コット」。ナッツなどを混ぜ込んでまとめた生地をオーブンで焼き、棒状にスライスしてから再度焼き上げる。そうすることで限りなく水分が飛んで硬くなり、品質的にも硬度的にも長期保存が可能になる。現地では「カントゥッチ」の名で、コーヒーだけでなくワインとも一緒に楽しまれる、イタリアの伝統的な焼き菓子だ。

土曜の昼下がり、社会人特有の無気力な休日。惰眠を貪るだけで、特筆すべきことの何もない一日として消化されそうな、そんな後悔の予感を書き換えるべく、私はなじみのカフェを目指して車を走らせた。ランチの時間をちょうど過ぎた街は、車も人も移動を始めていた。目当てのカフェの近くの駐車場はガラリとしており、道中の混

ロブスタ種

コーヒーの栽培種の一つ。アラビカ種に次いで生産量が多く、原産地は現在のウガンダ付近とされる。病害虫への耐性が強く、高温、多湿、低地にも適応し、栽培条件が比較的緩やか。風味のポテンシャルはアラビカ種に及ばないが、香りが強く溶出物が多いため、イタリア系統のエスプレッソや、インスタントコーヒー、缶コーヒーなどの原料として重宝される。

エスプレッソ

一杯分7～9グラムのパウダー状のコーヒー粉に、90℃のお湯と9気圧の抽出圧を加えて抽出するコーヒー。イタリア生まれの抽出法で、他の淹れ方に比べて段違いに濃度が高い。アメリカーノやカフェラテなど様々なメニューの軸となる。

1 ホットのカフェラテとビスコッティ。ビスコッティの形状や硬度、ナッツやドライフルーツなどの内容物は、店によって千差万別である。 2 端正に描かれたラテアートに、静かにビスコッティを差し入れる。基本的に、バリスタが見知った仲でない限りは、一口啜ってから行動するのが吉。 3 かき混ぜる秒数は、手に持つビスコッティの密度によって異なる。今回訪れたRed Stone Coffeeのビスコッティは、おそらく硬めの部類。軽やかでクリスピーな食感のビスコッティは、カフェラテに漬けると、十秒も経たないうちに崩れてしまう場合もある。そのため、店ごとに最適なかき混ぜ時間を見つけるのには、トライ&エラーしかない。

雑具合から多少のコインパーキング巡りを覚悟していた私の心配は、杞憂に終わった。

年中明るく、塞ぎ込んでいる姿など一度も見せたことのない店主が、今日はいっそう輝いて見える。

「おーお疲れ、いらっしゃい！」

「お疲れ様です、今日は特に用事はないんですが」

そう言って私は、カウンターのメニューに目を落とした。

最近では珍しい、**ロブスタ種**を含んだ深煎りのブレンドで抽出を行う、伝統的なイタリア式**エスプレッソ**が売りの店。カウンター横には、これまたイタリア製のエスプレッソマシン**PAVONI**（パボーニ）がその存在を主張している。

メニューには、**カフェラテ**や**マロッキーノ**といった、エスプレッソを使用するドリンクがいくつも並んでいる。

「レモネードでいい？　ソーダのほうやんな？」

「あ、今日はちょっと悩んでもいいですか？」

普段この店に来るのは平日の仕事の合間、すでに相当量のコーヒーを摂取した状態で訪問することが多く、注文は自家製のレモネードにするのが常だった。

だが、今日は違う。休日にあえてコーヒーを飲みにこのカフェまできたのだ。

PAVONI
1905年にイタリアのミラノで創業した世界で初めてエスプレッソマシンを製品化した企業。以来百年以上にわたって様々なエスプレッソマシンを世に送り出している。中でも、100年前に生まれたフォルムと機構を現世に引き継いだ「プロフェッショナルシリーズ」は、愛好家の中でもとりわけ高い評価を受けている。

カフェラテ
エスプレッソに、スチームした温かいミルクを注いだイタリア式のコーヒー牛乳。同じくイタリア式の飲み物で人気の「カプチーノ」に比べ、泡状のミルク（フォーム）の割合が少なく、さらりとして滑らかな口当たりが特徴である。

そんな目で見渡すと、今まで視界には入っていたはずのカウンターの周辺がえらく新鮮に見える。シェカラート、マンゴーのジェラコン、抹茶ラテ。メニューもこんなに種類があったのか。ルーティーンを取っ払った中に見つかる小さな発見に、私の目線は忙しい。

中でも気を引かれたのは、メニューの側に置いてある、梅酒を漬けられそうなほどの大きいガラス瓶。ガラス面に白いマジックで「Ｂｉｓｃｏｔｔｉ」とだけ書かれた瓶の中には、十五センチほどの細長い焼き菓子が数本もたれかかっている。自堕落への焦燥感に苛(さいな)まれ、昼飯も食べずに家を飛び出した私の腹は、具体性は無いものの、何か小腹を満たすものを求めていた。1本70円、ひとまずその「Ｂｉｓｃｏｔｔｉ」

マロッキーノ

チョコレートシロップを入れたエスプレッソに、フォームドミルクを注いだメニュー。カカオパウダーや砕いたナッツ、砂糖を入れる場合もあり、店ごとに様々なアレンジが存在する。「マロッキーノ」は、イタリア語で「モロッコ人の、モロッコ風の」という意味であるが、正確な由来は判明していない。

From WAKO COFFEE Channel.

【裏ワザ】コーヒー屋が通うエスプレッソ専門店のカフェラテとビスコッティが美味すぎてエッセイを書いた男

ビスコッティと掛け合わせるカフェラテは、しっかりと深煎りにされたロブスタ入りのエスプレッソを使ったものが好み。焙煎度からくる苦味と、ロブスタ種の持つ穀物フレーバー、散りばめられたナッツの香ばしさは、無類の調和を生む。

https://x.gd/XEfwF

を注文する。

「だったらカフェラテがええよね。ビスコッティとの食べ合わせ、最高やから」

慣れた手つきで外した**ポルターフィルター**を腰ほどの位置にあるノックボックスに打ち付けながら彼はそう言った。それではとホットのカフェラテを注文し、脚の長い丸椅子に腰を掛ける。言われるがままの注文ではあったが、飲み慣れたカフェラテを待つ私の足は、ほのかな好奇心からか、いつにも増して宙をブラついていた。


チッチチッ、チッ、ギュゥン。


二人しかいない店内に静かに響いていたスチーム音が、キメの細かい**フォームドミルク**の完成を告げた。

スルリと丸椅子から降りて、カウンターに向かう。店主は何千何万と繰り返したのであろう所作で、エスプレッソの入ったカップにミルクを落とし始める。みるみるうちに浮かび上がる白と茶色のコントラストは、またたく間にチューリップへと成長した。細部までしっかりとエッジが効いていて、一目で上手いラテアートだとわかる。

「はい、お待たせ！」こちらを向いたチューリップ、カップの下のソーサーに置かれているビスコッティを、右手の親指と人差し指でそっとつまみ上げ、カップを左手で口元へ運び、ゆっくりと傾ける。シルクのような質感のフワリと優しいフォームド

ポルターフィルター

エスプレッソマシンでコーヒーを抽出する際に使う器具。一杯用、二杯用などのサイズや、抽出口の数によって用途が異なり、様々な形状に分かれている。

フォームドミルク

空気を入れ込み、泡状になった牛乳のこと。エスプレッソマシンから発生させた蒸気で、冷たい牛乳を撹拌（スチーミング）して作る。作成には牛乳の温度や、スチーム時の音に神経を研ぎ澄ませる必要があり、バリスタの腕の見せ所と言える。ちなみに、スチーミングしたミルクの、泡状になった部分を「フォームミルク」と呼び、その下にある温かい液状のミルクは「スチームミルク」と呼ばれ、その比率がカフェラテやカプチーノの口当たりに、大きく影響する。

ミルクが唇に触れ、深煎りならではのパンチとミルクの甘さが一緒に舌の上を滑る。

ミルクは温め過ぎるとタンパク質が壊れ、サラリと軽い味わいになるためコーヒーに負けてしまい、反対に温め不足だと十分な甘さが引き出されずにこれまた苦い飲み物となってしまう。「スチーミング」というバリスタの最たる腕の見せ所が適切にこなされているラテは、ある種の甘味と呼べるほどの甘さがある。

そんな至福の余韻を絶やさぬうちに、今しがた最高の組み合わせと評されたビスコッティに齧(かじ)り付く。

前歯から火花が散った。なんだこの硬い菓子は。突然の衝撃にチカつく目ん玉を落ち着かせながら、そっと前歯を舌でなぞる。特に欠けた様子もなく、さっきの火花も幻視らしい。ナッツが散らされている断面の方に歯を入れると、ようやく噛み切ることができた。

しっかりとした歯応えにゴロゴロと粗めに砕けていく食感は、他に形容しがたく、ハードビスケットとでも言うべきだろうか。練り込まれているアーモンドのアクセントに、後味の不思議な清涼感が面白い。もちろんカフェラテとも合っている。ただ、絶賛するほどの食い合わせとは言い難い。

難しい顔でカフェラテをすすっていた私を見て、にこやかに店主は言った。

「それ、浸してかき混ぜんねん。15秒くらい」

いくら知り合いの店といえど、バリスタの修練の賜物ともいえるラテアートが描かれているカフェラテを、店頭でかき混ぜることが許されるのだろうか。

言われるがままに、端の欠けたビスコッティを飲みかけのカフェラテに差し込み、グルグルとかき混ぜてみる。先ほど神妙な顔で二度ほど傾けて啜ったことで、多少シャープな形状になっていたチューリップは、ビスコッティでかき混ぜた渦に呑まれて跡形もなく、茶色のキャンバスと化した。
バリスタの技術の結晶を、本人の目の前でかき混ぜるという後ろめたさから15秒が経過し、ゆっくりとビスコッティを引き上げた。特に変哲もなく、ただマーブル模様のフォームドミルクを纏(まと)ったそれを、懐疑的に口へ運ぶ。

ビスコッティが、ほどけた。

たちまち舌の上でホロホロと崩れていく突発の儚(はかな)さに、纏ったフォームは緩い生クリームのようで、甘さの中にあるほろ苦いコーヒー感が心地よい。強烈な硬さとのギャップが生んだあまりの柔らかな衝撃に目を見開きながら、入念にその変化を堪能した。

ビスコッティそのものの食感の変化も面白いが、なにより、フォームドミルクを〝食べる〟という初めての体験は、私の嗜好にその味と食感を深く刻んだ。

「やろ?」この光景を幾度も見てきたのであろう、店主はニヤけながら言った。

以来、エスプレッソマシンがあるカフェに寄った際には、ドリンクをオーダーする前にビスコッティの有無を確認してしまう。もしあったのならば、思考を停止してそれを注文する。ドリンクはもちろんホットカフェラテだ。

目の前に提供される絢爛豪華なラテアート。でも私が求めているのは表面にあるフォームドミルク。啜るほど減っていくそれを万全の状態で味わえるのは、美しいアートが丸のまま残っている提供時だけだ。

なんという背徳的愉悦。今日も私はカップに描かれた努力の結晶を、いともたやすくかき混ぜる。

2

京都、大徳寺の塔頭で振る舞うイブリックコーヒー

「荻原の孫です」

受付でそう伝えると、庭を抜けた先にある建物の前で待つようにと案内された。

前庭には高尚な気格のある木々がいくつも植っていて、別段背丈が高くないのにも関わらず、それらが晴天の空を覆うほどに茂らせた、眩しいほどに鮮やかな新緑をくぐって進む。

それら木立の根本には、深緑色の苔が情緒たっぷりにびっしりと生えている。

歩道として敷かれた石畳を踏むたびに、日々の生活ではとりわけ開けることのない、日本人として備わった和の精神の戸をノックされるような心持ちになる。

立秋とは名ばかりの猛暑が続く八月の終わり。コーヒー器具でパンパンになった紙袋を携えた私は、その境内に二十を超える塔頭(たっちゅう)をもつ京都の歴史的寺院「**大徳寺**」に来ていた。

千利休をはじめとした茶の湯と深い繋がりがある当院は、その歴史から重要文化財にも指定される茶室と庭をいくつも保有しており、現在では訪日観光客を筆頭に人気

大徳寺

京都市北区に位置する寺院で、境内には二十を超える塔頭が建ち並ぶ、臨済宗大徳寺派の大本山。茶の湯との歴史が深く、千利休にゆかりのある茶室や庭園など多くの文化財が存在する。

黄梅院

大徳寺の塔頭寺院の一つ。塔頭とは大きな寺院の敷地の中にある独立した寺院のこと。1562年、織田信長が父・信秀を供養するために建立した黄梅庵を前身とし、千利休、豊臣秀吉、小早川隆景らによって黄梅院として造営された。千利休が作庭したとされる枯山水庭園の「直中庭」や「破頭庭」などを有する禅宗の古刹。

観光地としても知られている。

その中でも今回私が訪ねたのは、一五六二年に織田信長によって建立され、千利休によって作庭されたと名高い〝直中庭（じきちゅうてい）〟を有する「**黄梅院**（おうばいいん）」。ときとして高雅な茶会も開催され、秋には紅葉目当ての行楽客であふれる寺院に、私はコーヒーを振る舞いに参上していた。

経緯は二ヶ月ほど前。地元愛媛に住む祖父からかかってきた一本の電話であった。

「大徳寺黄梅院の和尚さんを、**イブリック**で淹れたコーヒーでもてなしてほしい」

私の生家となる荻原家は、曽祖父の代まで寺の住職を務めていたらしく、その子にあたる祖父は仏教系の大学に通っていたそうだ。

御年八十六歳になる祖父は大学卒業後に教員の道を選んだが、当時の同級生はお坊さんになった人が多く、そのうちの一人が黄梅院住職・小林太玄（こばやしたいげん）老師だという。当時の学友の中でも太玄老師とは殊（こと）に親交があり、大学を卒業してから今まで、互いの近況報告を文通していたというから驚きだ。

そんな折、梅雨の晴れ間に初夏の気配を感じ出す頃、太玄さんが祖父の元を訪ねてこられたという。その理由は私の知るところではないが、その際に祖父が振る舞った

イブリック

ターキッシュ（トルコ式）コーヒーを淹れるのに使用する、ひしゃくのような形のコーヒー抽出器具。主に銅や真ちゅうを素材に作られており、様々な形状や大きさのものが存在する。ときおり国内外の蚤の市で出品されていることがあるため、古物市を見かけた際には、無意識の内に探してしまう。

イブリック

1本堂へと続く書院の前に広がるのが、千利休が六十六歳の時に作った「直中庭(じきちゅうてい)」。手前に秀吉を連想させる瓢箪(ひょうたん)をかたどった池を配し、その石橋を超えた先に不動三尊石がある。庭の周りは回廊になっており、枯山水の様々な情景を眺めることができる。 2本堂の前庭に位置する「破頭庭(はとうてい)」は、手前に白川砂、奥に苔庭という極めてシンプルな構成。苔庭に立つ二つの石は、右が文殊菩薩、左が普賢菩薩で、本堂に祀られている釈迦の説法を聴聞している姿とされる。

イブリック式のコーヒーが大層お気に召したそうで、何杯もおかわりをされたという。帰り際に、こんなコーヒーを京都で飲めたら良いのに、そう呟く太玄さんの要望に応えるべく、関西在住である孫の私が派遣されるに至ったわけだ。

「加えて、お前がいなくてもそのコーヒーを飲めるように、必要な器材一式を持ち込み、淹れ方を教えてきてくれ」

新品のイブリックにキャンプ用のガスバーナー、**少し深めに焙煎したブラジルとコロンビア**のブレンド豆を右手に携え、私は左手で鼻下を湿らせる汗を拭った。

荘厳な庭を抜けると、見た目には新しくも威厳のある構えをした日本家屋が見えた。ジーパン、エプロンにキャップという、指摘されずとも自覚する場違いな装いで参上した事を刹那憂う。特段誇示するつもりもないアイデンティティを身に纏った私は、軒下で深く息を吸い、恐る恐る呼び鈴を押した。

少しの間をおいて、ガラガラと引き戸が開き、一人の女性が出迎えてくれた。

「ようこそお越しくださいました。あと十分ほどで和尚さんが来られるので、あちらの部屋でお待ちください」

一人暮らし部屋として貸し出せるほどの玄関スペースに、ちょこんと靴を揃えて女性の後を追う。通されたのは多人数の茶会で使用されるのであろう広間。足を踏み入

少し深めに焙煎したブラジルとコロンビア

おそらく日本で最も組み合わされてきた銘柄であり焙煎度。味とコストの観点から、比較的安価な両国のコモディティコーヒーを、フルシティロースト（深煎りの初め）程度に仕上げることで、ブラジルのどっしりとした落ち着き感に、コロンビアのクリアな酸味が合わさった、飲み手を選ばないコーヒーになる。

中細挽き

主にペーパードリップなどで用いられる挽き目。一般的に「中挽き」はグラニュー糖程度の粗さ、「細挽き」はグラニュー糖と白砂糖の中間の粗さとされるが、「中細挽き」はその中間的な粗さとなる。ただし、実際その定義はやや曖昧である。

れると左手には、茶会で使用される立礼棚が安置されている。

大学生時代に四年間所属していた茶華道部で、催し事のたびに座ってお点前をしていた事を思い出し、少しの感傷に浸った。

心持ち緩んだ緊張の中、持参した紙袋からぞろぞろ器具を取り出し、抽出の準備を始める。すると、先ほどの女性がお盆に薄茶とお茶菓子を運んできてくれた。きちんとしたお茶とお菓子をいただくのも久しぶりだ。一人になった部屋で、かつての記憶を頼りながらゆっくりと慎重に頂戴する。親指と人差し指で飲み口を拭い、茶碗の顔を奥に向けて盆に直すと、ちょうどシャーッという音と共に襖が開けられた。

「よぉ キタッ!」

ハツラツとした活気を帯びる一声に面食らった私は、明快にたじろいだ。

開いた襖の奥には白衣越しにも分かる恰幅の良さに、眼光という字を描き起こしたかのような目力を宿す小林太玄さんが立っている。先の緊張も重なり、モゴモゴと喋りながらゆるりと近づくと、ガッと肩を掴まれパワフルに抱き寄せられた。

「よぉ来たのぅッ!」

——久々に再会して抱き合ったが、俺の背骨が折れるかと思うた——

電話口で話していた祖父の冗談めかしい言葉を追想するほどに、肝を抜かれるほど

極細挽き
主にエスプレッソマシンで用いられる挽き目。小麦粉のようなパウダー状で、ミルによっては、そこまで細かく挽くことが出来ない機種もある。苦味や渋味も出やすくなるため、抽出を短時間で行う器具に向いている。

微粉
コーヒー豆を挽くときに、少なからず発生するコーヒーの微粉末。抽出時にフィルターの目詰まりを引き起こしたり、えぐみや渋味の成分が溶け出したりしやすいとされる。歯の消耗したミルや、電動式の中ではお手ごろとされるプロペラ式(ブレードグラインダー)を採用したミルで発生しやすい。

の力強さだった。

この人が祖父と同年齢とはにわかに信じがたい。各国の首脳をはじめとした何かしらのトップに立つ人間は、その力強い握手とハグで外交を制しているという話を聞いたことがある。そんな冗長な思考が巡るほど、何かが引き込まれそうになるような抱擁だった。

大阪の富田林（とんだばやし）から来たことや、大学を卒業してからはずっとコーヒー屋で働いていること。自己紹介がてら簡単な世間話をした後、早速コーヒーを淹れることになった。

といっても今回の命題は、イブリック式のコーヒーを常に楽しめるよう、その環境を黄梅院に整えてくることだ。太玄さんのマネージャーさんと軽く打ち合わせをすると、自分含め院内のスタッフ数名も淹れられるようにしておきたいということで、場所を移して淹れ方をお見せすることになった。

広げていた器具を手早く紙袋に戻して、迷路のような廊下をズンズン進む太玄さんの後を追う。

たどり着いたのはテーブルも広く、水道設備の整っているキッチン。再度カチャカチャと器具を広げ、抽出の用意をする。

今回私が祖父の指令により持参したのはイブリックという抽出器具で、別名ジェズベ／ジャズべともいう。小ぶりなミルクパンのような形状の銅製のイブリックは、あらかじめ注いだ水の中にコーヒー粉と砂糖、地域によってはカルダモンやシナモンといったスパイスを投入し、火にかけ煮込み、その上澄みを楽しむ。

この一風変わったコーヒーの作り方は、一説に最も原始的なコーヒーの抽出方法とも言われる。この器具で淹れたコーヒーは俗にターキッシュコーヒー（トルコ式コーヒー）と呼ばれ、世界でも中東を中心に広く親しまれている。

私自身もアフリカを旅していた際、このイブリックに出会い、甘ったるくもココアのような質感が印象的で、帰国した後もこのコーヒー器具の虜になっていた。実は祖父も私の勧めでイブリックを購入し、以来、客人にも振る舞うほどに気に入っている、ということが今回の一件で判明した。

私は、このイブリックを使ったコーヒーの淹れ方に自分なりのアレンジを加えている。コーヒー粉と砂糖を煮出すのは一般的なイブリックの淹れ方と同じなのだが、使用するコーヒーの挽き目は**中細挽き**だ。

本来というか、伝統的な淹れ方としては**極細挽き**と呼ばれる粉末状になるまで細かく挽かれた粉を使い、濃く重たい一杯に仕上げるのがポピュラーである。

しかし、日本においてこの極細挽きの粉で淹れるやり方を行うと、その濃すぎる味と微粉がどうにも気になるという意見が多かった。

トラディショナルなイブリックの淹れ方では、最後

From WAKO COFFEE Channel.

君は砂糖入りコーヒーの美味さを知ってるか?推し器具『イブリック』を全力で語ってみた

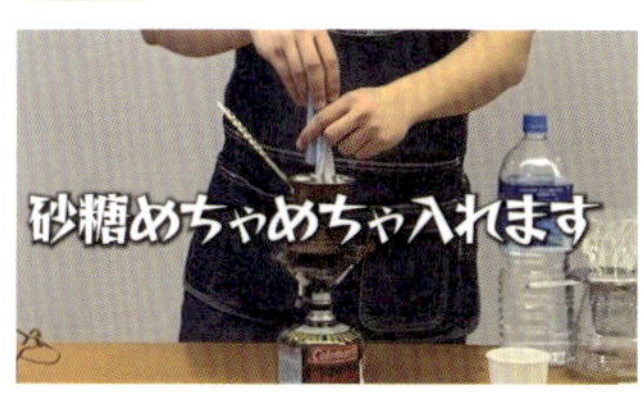

岐阜県海津市のキャンプ場でコーヒーイベントを行った際の動画。当日は有志でイブリックを持ち寄ってもらい、推奨している淹れ方を紹介した後、実際に野外でターキッシュコーヒーを淹れた。この動画ではあえて親しみやすいやり方を紹介している。

https://x.gd/ZdEyr

1 臨済宗大徳寺派大本山の塔頭の一つである黄梅院は、例年、春と秋に特別公開の時期がある。**2**「直中庭」の一角に配されている朝鮮灯篭。朝鮮出兵の際、加藤清正が持ち帰ったものとされ、苔一面の庭の中で存在感を見せている。 **3** 重要文化財の「庫裡(くり)」。庫裡とは寺院の台所というべき場所で、黄梅院のそれは日本に現存する禅宗寺院の中で最古のものとされる。**4** 黄梅院住職、小林太玄師。私の淹れたイブリックコーヒーを「うんまいっ! これや!」と、大層褒めてくださった。

までフィルターを使用せずに仕上げるため、いくら上澄みといえど、相応の**微粉**(びふん)が混じってしまう。それを改善するために、少し粉を粗めに挽いて軽やかな味に仕上げ、最後に茶漉(こ)しで液体を濾(こ)すことで、日本人にも親しみやすくしたのが私流のイブリックだ。

そんな講釈を垂れさせていただきながら、皆さんの目の前で実演してみせ、完成したコーヒーを用意してくださったカップに注いでいく。

説明に必死だったのか、はたまた緊張で周囲が見えていなかったのか、気づくと四、五人のスタッフさんに囲まれており、全く液体が足りていなかったため、すぐに第二陣の抽出の用意に移る。

「うんまいっ！　これや！」

淹れたてのコーヒーが入ったカップを握り込んだ太玄さんが放った言葉。

少しの安堵。しかし、続く言葉に人知れず私の背中に緊張が走る。

「この舌に残る旨みがええ。お茶と同じで、細かい粉がじわっと旨さを広げるんや」

微粉を楽しむ。

この世の理(ことわり)は表裏一体。その煩わしさを排除しようと試行する一方で、その煩わしさを楽しみ、それを特色だとすることで生まれる文化や風習もある。一般的には「ただ飲みづらいもの」と捉えられがちな微粉も、飲み手が変われば、抹茶との共通項として親しみ、楽しむことにもなり得る。

思い返せば、初めてアフリカの地で飲んだイブリックコーヒーも、砂糖の甘さに舌を覆う微粉が相まって、まるでバンホーテンの粉ココアを飲んでいるように感じた。そしてそれが、私がイブリックにハマるきっかけとなったのだ。

私の「改良(アレンジ)」が間違っているとは思わないが、「伝統的なやり方の欠点を除き、洗練させた」という自己意識は撤廃せねばならない。

そんな恣意的な気づきを得ると、大層褒めていただいてはいるのだが、太玄さんの表情も心なしか、祖父が淹れたコーヒーより物足りなさを感じているように見えてくる。意を決して、祖父の味とこの味の相違点を尋ねると、やはり私の淹れたコーヒーの方がすっきりとした飲み口だという。

第二陣の抽出もすでに開始しているため、この場では特に改善のしようはない。一通りの淹れ方だけ伝えて帰り支度の時間となった。


持参したコーヒー器具は祖父が購入し、太玄さんに贈るように言いつけられたものなので、そのままキッチンに置かせてもらった。

身軽になった足取りで寺院を後にしようとすると、これまた行きよりも大きい、おかきがパンパンに詰められた紙袋を手渡された。

最後の礼を言うとともに、今回の自分としては悔いの残る結果を踏まえ、今一度淹れに来させてくださいと強めの握手をした。

ともに黄梅院を出ると、車を駐めていた最寄りの場所までわざわざ見送りに来てくださった。

最後はハンドルを握りながら会釈にて失礼し、大阪に向け車を走らせる。首尾一貫に和を浴びた一日。振り返るとそこには心づきから追懐、発見からの自責と、さまざまなことが起こっていた。

どうせ今から一時間以上気ままに内省する時間はある。何にせよ、祖父の淹れたイブリックは一度飲んでみなければならない。年末に帰省した際の企みを巡らせつつ、私は南へと車を走らせた。

3 祖父が淹れたイブリックコーヒーの「正解」

鍵のかかっていない引き戸をガラガラと開けると、乾いた土の香りが鼻腔(びくう)を抜ける。庭の陶芸小屋で制作された、さまざまな形の器を陰干ししている玄関は、少し粉っぽくもしみじみと懐かしさを感じさせた。

靴を脱ぎ、家の奥へ進むと、低めの食器棚の前であぐらをかきながら、自分の作ったカップを一文字の口で見つめる祖父がいた。

「よう来たな」

床に置かれたソーサーを拾い、手に持っていたカップを載せると、ちょうど一脚分空いている棚のスペースに丁寧に戻した。

「黄梅院(おうばいいん)はどうやった」

そう孫に投げかけると、壁沿いに置かれた茶色いソファに、祖父はどかっと腰を掛けた。

京都の大徳寺。その中にある黄梅院住職・小林太玄(こばやしたいげん)老師に、イブリック式のコーヒーを振る舞った四ヶ月後。私は年末年始の休暇を利用し、実家の愛媛に帰省していた。

十八で大阪に進学し、大学卒業後も関西で就職したことから幾度と行ってきた地元への帰省。これまでは慣習に近い形で行ってきたこともあり、毎度久しぶりの実家も、数刻経てば何かと暇を持て余すことになる場所だった。

しかし、今回の帰省は一味違う。そこには明確な目的があり、高揚感すら漂う訪問であった。それは、先日訪問した黄梅院の老師が感銘したという、祖父の淹れるイブリック式コーヒーの味と作り方を確かめることにある。

果たしてそれは、抽出方法の違いによる微粉の舌触りなのか、はたまた旧友との邂逅によって醸された〃人生の味〃だったのか。

「黄梅院はどうやった」

深く腰掛けたソファで、深緑のニット帽をかぶり直しながら祖父が尋ねた。

言われた通り、淹れ方を伝えて器材一式を置いてきたこと、振る舞ったコーヒーも満足してもらえてはいたが、自分としては多少悔いの残る結果であったこと、そんな話をつらつらと繋げた。

「そうか、まぁ良かったわい。建物の中は迷路みたいやったやろ。お前、迷わんかったか？」

幼少期、両親が共働きだったため、私は祖父母に預けられることが多かった。教員だった祖父もその頃には退職し、愛媛の成川渓谷という山奥にてログハウスと陶芸小屋を自作し、毎日作業を行っていた。

そこは林を切り拓いた場所だったこともあり、地面は落ち葉に覆われ段差や危険物

カッピングスプーン

コーヒーの品質を評価する「カッピング」に使用する専用のスプーン。大さじの軽量スプーンよりは底が浅く平たく、スープスプーンよりは深めで一回りほど小さいものが多い。カッピングは空気と一緒にコーヒーを啜り込み、霧状にして舌全体に触れさせることを目的とするため、カッピングスプーンも啜りやすい形状となっている。

エスプレッソ用グラインダー

主にエスプレッソで用いられる「極細挽き」に特化したグラインダー。コーヒー豆を小麦粉ほどの粉にするこの挽き方（挽き目＝粒度）は、通

の有無も分かりづらい。そこら中、超自然的に丸太や石がゴロゴロと転がっており、あまつさえ人より野生の猿の方が道を闊歩している。

渓谷と名が付くほどの川沿いなこともあり、小学校に上がる前の四、五歳の私にとっては、少々危なっかしい場所であっただろう。

そんな場所で祖父は陶芸をはじめログハウスの増築など、毎日あっちこっちと忙しく作業をしていたため、意思疎通すらままならない子供をどう預かるか考えたらしい。その挙句に施行されたのは、自分の腰に長さ五メートルほどの縄を縛り、その反対側を幼年の私にくくりつけておくという、バディ扱いなのかヤギ扱いなのかを判断しかねる、ハーネスのような方式であった。

そのため子供時分の私は、雑草を食むヤギのように、自身の動ける範囲で全力で世界を楽しんでいたことだろう。そのハーネスが導入された理由も奔放に動き回る私のせいではあるので、先の「お前、迷わんかったか?」についても、まだ目を離すと迷ってしまう幼少の頃の陰が残っているのかもしれない。

事実、黄梅院で部屋を移動する際、前を歩く太玄さんを見失なわいように、必死に廊下で背中を追っていたのだが。

茶室でいただいた菓子や薄茶、寺でイブリックを淹れた感想を混ぜつつ近況報告を

常のドリップ用グラインダーだと精密性に欠け、粒の大きさが揃いにくい。何十万円もする専用のマシンでも、毎日細やかな調整が必要なほど。バリスタの朝イチの仕事は「その日の挽き目調整」と言われるほど、エスプレッソにおいて粉の粒度は重要性が高い。

コロンビアスプレモ
日本でも古くから親しまれるコーヒー生産国・コロンビアの最高等級豆。サイズが大きく、粒揃いが良い。心地の良い酸味に、ウォッシュトらしいクリアな飲み口が特徴。持ち前の爽やかさは、深煎りにしても消えることがなく、日本の市場で幅広く活躍している。

していると、あらかじめ帰省前に電話でリクエストをしていたお目当てのコーヒーを作る準備が進んでいる。

慣れた手つきで小型のガスバーナーをセッティングし、戸棚からイブリックを取り出してきた。

「水を入れてくれ。このくぼみの下まで」

ここは同じ。このイブリックでデミタスカップ二杯分のコーヒーを作る際、注ぎ口の窪みの下のラインまで水を入れるとちょうど良い量が出来上がる。

一見容器に対して少なく見えるが、これ以上入れると煮立たせた際に液体が溢(あふ)れやすく、少々危ない。

自分の作り方と照らし合わせながら、水を入れたイブリックを手渡した。祖父の右手には**カッピングスプーン**が握られており、その手ですでに挽かれたコーヒー粉が入っている瓶を開ける。

――カッピングスプーンを持ってるのか

さらりと出てきたコーヒーの専門道具に、少し驚く。

そこから自然な山盛りで二杯の粉をすくいイブリックに落とした。粉の量も私とまったく一緒である。

二回目のハゼ

焙煎中のコーヒー豆から「ピチッ、ピチピチ」と高い音が連続して聞こえる現象。通称〝2ハゼ〟と呼ばれる。焙煎工程によりコーヒー豆が膨張し、細胞壁が破壊されることで音が鳴る。おおよそ、2ハゼの鳴り始めが「中深煎り」（シティロースト）であり、しっかりと聞こえるようになる頃には「深煎り」（フルシティロースト）あたりの焙煎度に達している。

手回しで焙煎

ハンドルを取り付けた円柱状の釜を熱源の上に設置し、クルクルと回しながらコーヒーを焼く作業。通称〝手回し焙煎〟と呼ばれる。焙煎中でも釜の回転スピードや、釜と熱源との距離を自在に

——ちょっと待て

ぷかぷかと水の上に浮く粉を一瞥して、役目が終わって戸棚に戻されかけていたコーヒーの入った瓶を受け取る。中を見ると、それこそ抹茶ほどの細かさに挽かれたコーヒーの粉が、苦くも甘くも感じられる芳香をふわふわと漂わせている。

——やはりそうか。

聞くと、家庭向けの**エスプレッソ用グラインダー**の最も細かい目で挽いているとのこと。

親指と人差し指で摘み、指を擦り合わせてもまったくザラつかず、小麦粉に触れて

イブリックを加熱するための熱源は様々。熱した砂で煮出す光景が有名だが、器具をそのまま焚き火にかけたり、シンプルにガスコンロで煮出すこともある。キャンプ用のガスバーナーでも抽出は可能で、備え付けの五徳でイブリックが安定しない場合は、金網をかましても良い。もっと言えばイブリック自体も、離乳食などを作るミルクパンで代用することができる。

調整できるため、操作の自由度が高い。使用する焙煎機は自作も可能で、焙煎の入門者からレジェンドと呼ばれる人まで、その使い手の幅が広いのが特徴。

フルシティロースト

酸味は控えめで、苦味が強調されてくる頃合いの焙煎度。おおよそ「深煎り」と呼ばれはじめる段階で、モノによっては、焙煎直後から豆の表面に油が浮き始める。ホット、アイスを問わず、様々な企業やお店で多用されている煎り具合である。

いるかのような触感の極細挽きという挽き目である。

肝心の豆に関しては、これまた**コロンビアスプレモ**のシングル。焙煎度に関しては**二回目のハゼ**が鳴り出して三十秒ほどで上げているという（祖父は昔から**手回しで焙煎**をしている）。

いわば**フルシティロースト**と呼ばれる、深煎りにあたる焙煎度である。

イブリックの伝統的な挽き目とされる粉とにらめっこしている間に、コーヒーと同量、自然な山盛り二杯の砂糖が入れられたイブリックは、用意されていたコンロで火にかけられた。

ボゥと大きい火から、イブリックの底の部分以上に炎が立ち上らないようガスバーナーのコックを締めていく。

二分も待てば液面が上がってくるので、右手で取っ手を掴（つか）み火から遠ざける。するとコーヒーが落ち着きを取り戻したように、静かに沈んで行く。さすれば再び火にかけ、液面が盛り上がるとまた火から離す。これを三回繰り返すと、祖父は左手でバーナーのコックを完全に締めて火を消した。**トルコ式コーヒー**の完成である。

液中を舞っていた粉が沈み、少し冷めて飲みやすくなるのはそこから二、三分後。その間に祖父は食器棚の前に座り、コーヒーを注ぐカップを吟味している。その食器

トルコ式コーヒー

イブリックを用いて淹れるコーヒーで、主に中東地域や欧州でたしなまれている。砂糖のほかに、カルダモンやシナモン等の香辛料をコーヒーと一緒に煮出し、その上澄みを楽しむ淹れ方。その味は大変エキゾチック。日本でも熱した砂を用いて抽出する光景がSNSで話題になった。

デミタスカップ

語源はフランス語の「デミ（demi）：半分の」＋「タス（tasse）：カップ」とされる、入り目が100㏄ほどの小容量のカップ。日本に伝わる名称の由来とは裏腹に、その誕生は1806年、イタリアのとあるカフェとされて

棚には、祖父が自分で制作した陶器製の**デミタスカップ**がいくつも並んでいる。

選ばれたのは、藍色の紋様（もんよう）が散りばめられた、デミタスよりもひと回りほど大きい磁器製のカップだった。このチョイスは、私にとって好都合である。

陶器で飲むコーヒーは、その温かみに加え、舌に乗った時の質感も器の具合によって変わるため、その違いを味わうのも楽しい。

ただ、今回のように極端に微粉の多いコーヒーの場合、陶器の飲み口のざらつきや細かな凹凸によって、その粉っぽさが余計に悪目立ちする可能性がある。ガラス製でも紙製でもブリキ製でもホーロー製でもいいが、唯一、陶器のカップだけは勘弁願いたいと思っていたのだ。

そんな安堵（あんど）と葛藤（かっとう）を重ねる最中、目の前のカップに出来上がったコーヒーが注がれた。昨今のスペシャルティコーヒーではまず見かけない真っ黒な液面。内側が白いカップのため、円の縁だけが茶色に光っている様子が皆既日食のようにも見える。

カップを口元に近づけると、フワリとカラメルのような甘い香りが鼻腔（びくう）をつく。取っ手から伝わる熱さに、小さくフゥーと液面を冷ます。表面に浮いた**コーヒーオイル**が、キラリと端に逃げたのを横目にカップを傾けた。

なるほど、旨い。言うなれば、ビターでパンチのある大人のココア。何より驚きな

いる。同年にフランスより発令された大陸封鎖令により、欧州全域でコーヒー豆が不足した中、少量の豆で品質を落とさず（薄めたりせず）に、コーヒーを楽しめるようにと小ぶりのカップが開発されたようだ。

コーヒーオイル
コーヒー豆に含まれる脂質。ペーパードリップで淹れた場合、その脂質の多くがフィルター紙に吸着されるため目にすることは少ない。一方、ペーパーフィルターを使用しないネルドリップやサイフォン、フレンチプレス、はたまたステンレスフィルター等でドリップした際には、その液面にキラキラと、星空のようにオイルが浮かび上がる。

のが、不安視していた微粉がそこまで気にならないこと。

もちろん舌の上は多少ざらつくが、これも黄梅院で話を聞いたせいであろうか。どういうわけか抹茶や玉露のような〝うま味〟として感じないこともない。

味もさることながら、舌に載る微粉の微かな重みを受け入れながら、日本酒をたしなむように、少しずつ、少しずつ呑み進めていく。

ニット帽をかぶりソファに深く腰掛けた祖父は、のんびりとテレビを見ていた。黄梅院の太玄さんも、ここでこのコーヒーを飲まれたのであろう。

これでひとまず、前回よりも確実に、再現度の高いイブリックコーヒーを京都に淹れにいく事ができる。この味を忘れないうちに再挑戦せねばならない。

淹れ方による微粉の舌触りに、久方ぶりに再会した際に飲んだコーヒーの味。その二つを持ち帰られるだけで、大した成果である。

忘れぬうちにとスマホを取り出してレシピをメモする私の前で、ソファに深く腰掛けた祖父は、片膝を立て、右手を頭の後ろに回しながらテレビを見ていた。

4
ビールジョッキで飲む酸味満点のアイスコーヒー

七月の焙煎。うだるような熱気にあてられながら、山積みにされたコーヒーの麻袋をひたすら減らしていく作業が続く。

抜かりなく焙煎をこなすための、落ち着きを払った冷静な心持ちとは裏腹に、焙煎機の熱気にさらされている私の額は、その内と外の温度差から結露したかのように汗が浮かんでいる。

時折り滴り落ちる玉のような汗をグイッと拭うと、少しの間をおいて右の頬がヒリヒリと痛む。私が普段扱っている**二十二キロ焙煎機**という大きさは、熱を放つ焙煎釜がちょうど顔の真隣に位置しており、その構造上、マシンの左側に立って作業を行う右頬は、しばしば乾燥状態である。私と同様、年がら年中、屋内で日焼けしている焙煎人は少なくないだろう。

「乾燥」と聞くと、冬場の焙煎の方が深刻では？　と思われるだろうが、そんなことはない。どれだけエアコンを効かせていても、釜から発せられる熱と身体の内にこもる熱で、二重にカロリーを与えられる夏場の焙煎は、飛び抜けて煩(わずら)わしい。

二十二キロ焙煎機

私がワコーでメインで使用しているのが二十二キロ焙煎機。コーヒーの生豆を焼く焙煎機は、基本的に投入可能な豆の量によって本体の大きさや価格帯が決まってくる。投入可能な豆量を基準とすると、一キロ〜十キロまでを「小型焙煎機」、十キロ〜六十キロまでを「中型焙煎機」、六十キロ以上を「大型焙煎機」と一般的には呼んでいる。中には、一度に五百キロ以上のコーヒー豆を焼くことができる「超大型焙煎機」も存在する。そのレベルの焙煎機になると、釜の中に余裕で人が入ることができる大きさになる。

逃げ場のないこの状況。さて、いかにして涼を取るべきか。

ガス栓を閉めて釜の蓋を閉じ、保温状態にした焙煎機を背に店内を見渡す。目線の先にあるのは、生、焼き、粉、液体と多種多様に形態を変えてはいるものの、全てコーヒー、コーヒー、コーヒー。この後にも作業は残っているため、コンビニに買い出しに行く時間もない。そうなれば、そう、アイスコーヒーしかない。


コーヒーには、味を楽しむだけでなく、我々の暮らしをそっと支えてくれるさまざまな効能が存在する。コーヒーが飲用されるきっかけにもなったと言われる**カフェイン**による覚醒作用は、忙しい現代を生きる我々に、活力と爽快感を与えてくれる。さらに、数百種類も存在すると言われるコーヒーのフレーバーは、その数以上に多種多様な人たちへ感動と安らぎを届けている。安寧（あんねい）と平穏（へいおん）をもたらす芳しい香りとリラックス効果は、世界をまたぐ流通量からも疑う余地はない。

無数に存在する豆種と日々刷新される抽出技法、それらの乗算から導き出される極まりない味の数々。我々〝珈琲飲み〟が過ごしている毎日は、その無限の選択肢の中から今、自分が求めている一杯を探す、際限のない旅だとも言えるだろう。

そんな旅の道中、真夏の焙煎機に向かう私が導き出した〝あるべき一杯〟に必要なものは、ズバリ「喉越（のどご）し」と「酸」。細かい味なんか気にせず、ゴクゴクと喉を鳴ら

カフェイン
人体に対して、緩やかな興奮作用をもたらしたり、脳や筋肉の働きを活発化させたりする物質。コーヒー以外でも、茶やカカオ、コーラの実などに含まれている。カフェイン入り飲料というのは、その種や形状を変え、世界各地で歴史的に親しまれてきた。言わずもがな、摂りすぎには注意。

大きめのドリッパー
ハリオであれば「03サイズ」（1-6杯用）、カリタであれば「103サイズ」（4-7杯用）など、四人用を超える量を淹れられるドリッパーがおすすめ。来客時や自身の作業前に、多めのコーヒーを淹れる際に役立つので、一つ持っておくといいだろう。

しながら「酸っぺぇ〜」と両頰をギュッとすぼめたい。

ひとまず、今の私はキンキンに冷えた酸っぺぇコーヒーをいっぱい作って、残量なんか気にせず喉を奏（かな）でられればそれでいい。いや、それが良い。

疲労回復には酸っぱいものと相場が決まっている中で、それを大量に楽しめるがぶ飲みジョッキアイスコーヒーの作り方を紹介しよう。

がぶ飲みジョッキ アイスコーヒーの作り方

準備する物

四杯用以上のドリッパー
抽出器具一式
ジョッキグラス（百均のもので十分）

材料

お好きなコーヒー豆（細挽き）50グラム
お湯400ミリリットル
ジョッキをいっぱいにできるだけの氷

淹れ方

1. 細挽きのコーヒー粉50グラムをドリッパーにセットする
2. お湯を100ミリリットル注ぎ、30秒待つ
3. 残りのお湯300ミリリットルを一回で注ぎ切る
4. パンパンに氷を入れたジョッキに注ぎ、入念にカラカラと冷やす

浅煎りのコーヒー

通常コーヒー豆というのは、浅く焙煎すると酸味が立ち、深く焙煎すると苦味が主張を強める。濃度にもよるが、抽出後の液体を光にかざすと、向こうの景色が赤く艶美に透き通る。

抽出速度が早い

ペーパードリップのようにコーヒー粉の上から下へお湯を通過させる淹れ方を「透過法」というが、この時、お湯を小分けに注ぐほど抽出時間は長めになり、一気に注ぐほど短めになる。一般的に、抽出時間（湯と粉の接触時間）が長いほどコーヒーの成分の濃度は高くなるが、同時に苦味や雑味も目立ちやすくなる。

暑さと疲れによる気だるさの中で淹れるレシピだから、基本的に細かいことは全て無視だ。改善点などがあればご自分で洗練していただき、ご指摘や改善案はそっと胸の内に秘めてほしい。ひたすら逃げ場のない自分の機嫌を取るための、喉鳴らし用の酸っぱいコーヒー。これだけを達成したいがためのレシピであって、これ以上の手順はノイズとなる。

ポイントは二つ。まず、湯が溢れないようにしっかりと**大きめのドリッパー**を使うこと。そして、使用するコーヒーはできるだけ**浅煎りのコーヒー**を使うこと。氷と合わせた際にコーヒーが薄まることを想定し、かなり濃いめに淹れるレシピだが、**抽出速度が早い**ため、特に雑味などが目立つこともない。その早い抽出速度でもしっかりと味が出るように、通常のドリップよりは**細めに挽いてもらう**のが良いだろう。

ちなみに冷やす手間を削減するため、あらかじめサーバーに氷を入れて抽出する〝急冷式〟も試してみたが、この量だとグングンと氷が溶けて、後から冷やしたものと比べても特に味に大差はなかった。

それであれば、氷でパンパンにしたビールジョッキに熱々のコーヒーを注いで、パキパキと割れる氷の音を聴く方が風流ではなかろうか。

目の前に注がれた赤い液体。

細めに挽いてもらう

挽き目を細かくすると、コーヒー粉の表面積が増える。すると湯と粉が接触する部分が増えるため、良くも悪くも全ての成分（酸味や苦味）の移動量が多くなり、濃いコーヒーが出来上がる。

ケニアのスペシャルティ

弾ける柑橘のようなフレーバーや、一部トマトのような風味が顔を見せるのがケニアのスペシャルティコーヒーの特徴。そのフレーバーを尊重して〝浅煎り〟で提供されることが多い。仮に「100人に聞いた！人気スペシャルティコーヒーランキング」があるとすれば、その知名度も含め、「ウォッシュト部門」でかなり上位に入るのではないだろうか。

それとなく晴天の空に透かしたくなるこの色は、今回使用した**ケニアのスペシャルティ**がギュンギュンに浅く、期待に応え得る酸味を持ち合わせていることを煌々と示している。百円均一で買ったプラスチック製のジョッキグラスの表面は、シズル感溢れる水滴でびっしりと演出されている。

赤子のようなグーの拳で、ただただ力任せに掴んだキンキンに冷えたジョッキをグイッと傾ける。その冷たさに両目は力強いまばたきをして、痺れるほどの酸味に頬と唇はギュッとすぼんで、ゴクゴクと喉が鳴る。

クーッ、コレコレッ！

内に溜まった熱気と疲労が、ジョッキを傾けるたびに身体から抜けていく。多めに作ったにも関わらず、赤い魔法の液体はほとんど残っていない。

サーバーの底に残ったコーヒーをジョッキに入れ、グルリと表面の水滴をふき取ると、これまた先ほどよりも目映（まばゆ）く水で薄まった赤色が顔をのぞかせる。

少し酸味の和らいだ液体を、天を仰ぐように飲み干し、少し強めに額を拭った。

酸味の強いアイスコーヒーは、ガムシロップとの相性が良い。炎天下の作業中などは、その働きを免罪符に甘みを加え、甘酸っぱいコーヒーで喉を潤すのも一興。

5 熱々のKIRIN FIREで冬の訪れを味わう

冬の訪れを感じる瞬間は人それぞれだろう。
「おでん」と書かれたコンビニのぼり旗、百円均一に現れるクリスマスブース。路上の自動販売機のディスプレイから青が減って赤が増えていく様子などにも、季節の移ろいが見て取れる。

コーヒー業界は秋冬が繁忙期。私の場合は、日々の焙煎量が増えてくることで、「もうそんな時期か」などと思うことはあれど、深まりゆく季節のグラデーションを、日々敏感に感じるほどの余裕はあまりない。

師走の今日とて例外ではなく、出勤してからというもの焙煎機に付きっ切りで、気づけば昼になっていた。

腹が減ったが、あいにく昼飯を買い忘れてしまった。最寄りのコンビニへ行こうと店の外に出た私の肌は、凍てつく冷気にいきなりさらされる。

外は手袋にコートを着ている人が多いにも関わらず私は半袖姿。焙煎機の側に居るとこんな時期でも汗だくになるため、服装の季節感は一向に培われない。いったん店に戻り、軽めの上着を羽織って再び外に出た。

コンビニまでは徒歩十分ほどの道のり。

途中で缶コーヒーを左右の手に包み込みながら、信号待ちをしている学生の前を横切った。そうか、もう冬なのか。そう言えば、時たま吹き付ける風が妙に冷たい。私は、ブラブラと遊ばせていた両手をポケットにしまい、歩調を速めた。

季節を取り違えた服装のせいで、コンビニに着く頃には身体はすっかり冷え切っていた。歩速に合わない自動扉にヤキモキしつつ、急ぎ足に踏み込んだ店内の暖かさは、身にまとった冷気を取り払ってくれる。

そんな安堵も束の間。ちょうど正午を過ぎた店内は、胸に社名が入った様々な仕事着で溢れていた。その中を足早に、縫うように歩く。真剣な顔で昼食を物色する人々。私はその間から右手を伸ばし、適当な弁当とお茶を手早く掴んでレジに向かった。

そこには、すでに3人ほどが並ぶ列ができている。私はその最後尾に着くと、身体に残っていた最後の冷気を、静かに細く吐いた。

目線を奥にやると、それぞれの立ち姿で並ぶ大人たちの奥に、獅子奮迅の勢いで会計を捌く二つのレジカウンターが見える。その周りには、クリスマスチキンやケーキの予約を促すポップ。レジを待つ私の頭上には、雪の結晶を模した装飾がパラパラと吊るされている。そんな冬めく店内の光景に目を泳がしていると、すぐに私の番が来た。

「レジ袋と、あたためお願いします」

そつなく自分の会計を済ませ、カウンターの右側に少し体をずらし、どことなく定めのないスペースに立つ。まもなく後ろに並んでいたお客の会計が始まった。

レジ横で三十秒ほど立ちぼうけるこの時間が、私はなんとも苦手だ。なるべく顔を動かさず、人の会計を横目に再び視線を泳がす。すると、レジカウンターの端に佇む、缶コーヒーの陳列棚が視界に入った。

小ぶりのショーケースには、黒や金色のシックな缶コーヒーが、銘柄ごとにきちんと並べられている。7、8種類の缶コーヒーがオレンジの明かりに照らされ、その温かさが網膜を通して伝わってきた。

先ほど両手で缶コーヒーを包み込み暖をとっていた学生の姿と、これから仕事場へと戻る自分の姿を思わず重ね合わせる。熱いやつ、一本買っていきたい。

ただ、いったん会計を済ませた自分の背後に続く昼時のレジ待ちの長い行列が、そんな食指(しょくし)を無言で制する。再び列に割り込んで、「追加で缶コーヒーも」なんて言えるほど心臓に毛が生えていない私は、温め終わった弁当を受け取り、静かにコンビニを後にした。

心に、ちょっとしたすき間を感じたまま、寒空の下を歩く。やがて身体は再び冷え切ってしまった。ああ、やっぱり熱い缶コーヒーを買えばよかった。

熱いコーヒーなんて、仕事場に戻れば試飲用のポットからいくらでも飲むことができる。ただ、仕事場のコーヒーは、自分が焼いた豆で、自分が淹れたコーヒーだ。それを飲む行為は、どこか意識が「味の精査」に繋がってしまう。

今、自分が飲みたいのは、頭を空っぽにして飲める、ほんのりと甘くて温かい、飾り気のないただの缶コーヒー。仕事と仕事の句読点に、自分で自分の機嫌を取るために飲む缶コーヒーだ。

私は寒風に背を丸めながら仕事場の前を通り過ぎ、ちょっと余計に歩いて最寄りの自動販売機の前に立った。ポケットの中で丸くなっていた手を出し、財布の中で冷たくなった小銭を、かじかんだ指でまさぐる。

百円一枚と二枚の十円をゆっくりと慎重に入れ、赤く点灯したボタンをサッと押し、ゴトンと落ちてきた微糖のKIRIN(キリン) FIRE(ファイア)を取り出す。

ダイヤカット缶

正式には「PCCPシェル」と呼ばれる円筒形のフォルム。表面にこの加工を施すことで従来の缶より強度が高まる。その上で三割ほど軽量が図れるため、製造コストの面でも優れている加工法だ。製造特許は東洋製罐が保持し、商標登録自体はキリンホールディングスが持つため、数多ある缶製品の中でも「FIRE」や「氷結」のデザインにのみ使用されている。ダイヤ状の凹凸は手に取る際に滑りにくく、ユニバーサルデザインとしての副次的な効果もある。

金色のフォルムに描かれた大きな炎の紋様。上下逆さまの三角が幾何学的に並び、ひし形状に凹凸を生んでいる**ダイヤカット缶**。元は飛行機工学から生まれたという加工法は、筒状の物体の強度を高める役割があり、近年は缶チューハイなどにも使用されている。

缶コーヒーの味に特別なこだわりはないが、何となくこの金色のＦＩＲＥを選んでしまうことが多いのは、ボコボコとした凹凸の指ざわりと、それに纏わるウンチクが気に入っているせいかもしれない。

買いたての缶コーヒーを振ると、一時的に握られないほど熱くなる。缶コーヒーの中身は、液体中心部の温度が最も高く、振ることでその熱が缶の表面に移動してくるためだ。その特性は、さながら使い捨てカイロのようでもある。

手に取った缶は期待以上の熱さで、少しばかり面食らった私は、冷たくおぼつかない両手で、交互にそれを握りしめた。かじかんだ手が指先からじんわりとほどけていく。

感覚を取り戻した指先で飲み口のプルタブを引き、舌先の火傷に気をつけながら、空気と一緒にズズッとコーヒーを啜る。アツアツだ。ほどなくして、ジャンクな苦みがじわりと舌に広がり、さらりとした甘さがそれを追いかけてきた。

冬が、来た。

6 スペシャルティコーヒーに合うマリアージュとは？

語源はフランス語で「結婚」を意味する、飲食物を組み合わせ、その美味しさを掛け合わせる「**マリアージュ**」という言葉。

昨今、我々がその身を置くコーヒーの世界でも、しばしば耳にするようになった単語である。目の前の一杯と相性の良い、洋菓子やドライフルーツ。加えてナッツや豆菓子など、その組み合わせは千差万別であり、時として文化や伝統といった、歴史との結びつきが見られるほどに奥深い世界でもある。

似たような物言いで、「**フードペアリング**」という英単語も散見されるが、これは、それら飲食物の組み合わせを行う「行為」を指す言葉。ただ、一般的な会話の中での使われ方としては、マリアージュとほとんど同義と言っても差し支えないだろう。

これらの言葉は、昨今の**スペシャルティコーヒー**ブームにより生成されたかのようにも思えるが、その存在自体は、喫茶店をはじめとした日本のコーヒー文化だけでなく、日本が誇る茶の歴史から脈々と受け継がれてきたたしなみでもある。

マリアージュ

飲み物と料理の良い組み合わせのこと。苦味がある飲み物であるコーヒーは、しばしば甘い物と一緒に楽しまれる。これは国を問わず世界共通のたしなみ方であり、目の前のコーヒーが持ちうる苦味と酸味の強さを軸に、組み合わせる菓子類の選定が行われてきた。しかし、昨今のコーヒーというのは、その風味が苦味や酸味の強弱だけでは語れぬほどに複雑化しており、マリアージュの難易度も上がっている。

フードペアリング

マリアージュと同様に、元はワインをはじめとした、アルコールの世界で発展してきた理論。大手コーヒー企業も、この行為や考え方をテーマにしたセミナーを開催するな例えば、喫茶店における**モーニング**の代名詞ともいえる、コーヒーとトーストの組み合わせ。はたまたドーナツやチョコレートケーキにどっしりした深煎りのコーヒーの組み合わせなどは、ノスタルジーすら感じさせる純喫茶のマリアージュだ。

日本の茶文化においても、飲食物の組み合わせは非常に重んじられており、「請(う)け」=支える、引き立てる」という漢字が組み込まれた、「お茶に合う食べ物」という意味の〝**お茶請け**〟などという言葉も存在する。

ことコーヒーにおいては、皆が半意識的に相性が良いと感じていた組み合わせに、ワインの世界から輸入してきた言葉を当て込み、明確に言語化したのがスペシャルティコーヒーブームにおけるマリアージュという言葉なのだろう。

あくまで私の所感ではあるが、コーヒーのマリアージュには、大きく二つの考え方があるように思える。

それは、性質の違う二つの飲食物が、何をもって〝合う〟とするかという点である。

一つは、「**風味/フレーバー**」に着目した考え方。

イチゴが使われたケーキには、ベリーの風味を持つフルーティなコーヒーを合わせたり、チョコレートケーキには、同じくビターチョコやカカオの風味がするコーヒーを合わせたりという具合に、同系統の風味やフレーバーを掛け合わせることで、お互

ど、販売するコーヒーに新たな付加価値を与える切り口として注目されている。

スペシャルティコーヒー

厳密な定義は難しいのだが、大まかには「抜きん出ている風味と明確な個性があり、トレーサビリティがしっかりと取れているコーヒー」くらいに認識しておくのが良い。日本国内での流通量は市場の5~12%あたりとされている。また、アメリカではその流通量が市場の30~40%を占めるとされるデータもあるが、そこにはスペシャルティコーヒーの枠に、有機品やフェアトレードなどの認証品を含んでいる場合が多い。そのため、日本市場と流通量を厳密に比較するのは難しい。

いの味を高め合うことを目的とするマリアージュだ。

もう一つは、「**味の強度**」に着目した考え方。

あっさりとしたコーヒーには、食感も軽いプレーンのクッキーやビスケットを合わせる。そこに、ほのかなシナモンなどが香っても良い。

苦くどっしりとしたコーヒーには、脂質や油分をたっぷりと含んだベイクドチーズケーキやチョコレートケーキを当て、それらを味わってまったりとした口の中を、同じくらいパンチのあるコーヒーでリフレッシュさせてやる。

前者は、その品種や精製の多様化によって様々なフレーバーを獲得したスペシャルティコーヒーならではの繊細なペアリングであり、後者に関してはお茶請けにも通ずる、より能動的なもてなしのペアリングである。

この「風味／フレーバー」と「味の強度」という二つの着目点があるため、解釈に人ぞれぞれの見解が見え隠れするのが、コーヒーにおけるマリアージュという言葉なのである。

「コーヒーに正解はない」という言葉に対して個人的に抵抗感を持っていることは、「はじめに」でも述べたが、ことマリアージュに関しては、その限りではない。

モーニング

喫茶店がドリンクのみの代金でトーストやゆで卵、サラダなどの簡易的なフードを提供するサービス。発祥は昭和30年代、繊維業が盛んだった愛知県の一宮市と言われている。しかし個人的には、「昔はランチの客がようけおってな、朝から仕込みせなあかんのやけど、そのためだけにアルバイトに時給払うのも大変やん。せやから朝から店を開けるために簡単に出せる飯をコーヒーに付けて売って、それで空いた手で昼の仕込みをしてもらうために始めたんや」という〝元祖モーニング〟を謳う、純喫茶のマスターに聞いた発祥話の方が、当時の自分は妙に腹落ちしたため、支持している。

例えば、同系統の風味やフレーバーを組み合わせたコーヒーと菓子との追いかけっこも嫌いではないし、コーヒーと菓子のいずれかの味に焦点を当てた、どちらか片方を引き立てるペアリングが心地よい日もある。突き詰めれば、自身がそれらを提供する側でなければ、「気分」の一言で片付く話ではある。

それを踏まえたうえで、私なりの一応の見解を述べるなら、コーヒーにおけるマリアージュは「味の強度」の方に重きを置いて組み立てるのが、最善とは言わないまでも手頃なのではないかと考える。

「同系統の風味やフレーバーを持つ」という理由でマリアージュを勧められたコーヒーと菓子を食べ合わせた際、それぞれが主張したいはずの風味が一緒くたになり、結果的にお互いの風味がボヤけてしまったという経験が、私には多々ある。

例えば、どちらにも「レモン」を感じられる組み合わせだとしよう。

浅煎りのケニアとレモンチーズケーキを食べ合わせた際、舌の上で両者のレモン風味が追いかけっこを始め、はじめのうちはその様子が非常に楽しくはあるのだが、程なくして追いかけ合う姿の見分けがつかなくなってしまう。似たような味を食べ進めることで舌が慣れるせいか、同系統の味の場合、強度の弱い方を感じづらくなのだ。

そして、その姿が薄くなるのは、おおむねコーヒーの側である。コーヒーはあくま

お茶請け

元はお茶と一緒に食べる食べ物やお菓子を指す言葉。その歴史は戦国時代までさかのぼり、栗や干し柿、はたまた焼き麩や椎茸を炊いたものなど、塩気のあるものも出されていた。お茶請けが提供され始めた理由は、「お茶の味を引き立てるため」というのが第一であるが、茶に含まれるカテキンやカフェイン、それらの成分が胃を刺激するため、その負担を和らげるために食べたとも言われている。

風味／フレーバー

一般的には、食べ物を口に入れた時に感じる味、質感、香りなどが絡み合った複合感覚のこと。コーヒーの品質評価をす

でもレモンの風味であり、相対するケーキには本物のレモンが使用されているからだ。
滑稽な話ではあるが、グレープフルーツの風味が感じられるコーヒーを飲んだ後に、グレープフルーツのジュースを飲むと、口をすぼめ、周章狼狽するほどにグレープフルーツの味がするのである。それほどまでにコーヒーから感じ取れるフレーバーというのは、非常に繊細であり、それがスペシャルティコーヒーであればなおさらである。

もちろん、同系統の風味で揃えつつ、ケーキの方も繊細で淡い味に仕上げられたマリアージュにおいては、最高のデュエットが舌で繰り広げられることもなくはない。ただそんな出会いは稀有であり、日々の気ままなコーヒー生活において出会うことはなかなかない。

そうなれば、「苦めのコーヒーにはガツンと甘いもの」「すっきりとした軽やかなコーヒーには、淡くあっさりとした菓子類」といった、「味の強度」に着目する方が、単純明快である。

それゆえ、かつてコーヒーと合うとされていた菓子類は、ことスペシャルティコーヒーにおいてはその認識を改める必要があると思われる。

実際、チョコレートのケーキやテリーヌといった〝菓子界のハードパンチャー〟と五分に渡り合えるコーヒーが、スペシャルティなど「酸の質」を楽しむ銘柄の中にど

るための資格・Qグレーダーでは、「フレーバー：コーヒーを口に含んだ時、鼻腔を通して抜ける香り」と教わる。そこでは、粉砕し粉状になったコーヒー豆から立ち上る香りを「フレグランス」、湯を注いで蒸気と共に立ち上る香りを「アロマ」として、「フレーバー」と区別している。

味の強度

味の「密度」と置き換えても良い、五味や風味の力強さのこと。コーヒーに限らず、「柔らかな」「優しい」「体に良さそうな味」などは、総じて強度が弱い際に用いられる表現であり、「パンチがある」「ハッキリとした」「ガツンとした味」などという表現は、味の強度が強い料理や飲料に用いられる。また、味覚には人それぞれ「閾値（しきいち）」

れだけあるだろうか。あえて深煎りに仕上げた豆は別として、そんなコーヒーは過去の記憶をたどっても即座には答えられない。たとえ**ナチュラル**（↓p.140）や**アナエロビック**といった、フレーバーのパワーが強い豆だったとしても、〝この菓子が合う〟と即断できないのが、スペシャルティのマリアージュの難しいところである。

恣意的な見解を撒き散らしてしまったが、この戯言の終幕に、私の一つの結論とも言える菓子の話をさせてほしい。

その名を「二人静」と言う。

白くて丸い可憐な化粧箱をそーっと開けると、中には半透明の和紙に包まれた紅白の玉がぎっしりと詰まっている。その一つ一つは、子どもの時分であれば宝石と見間違えそうな愛らしさだ。

二本指で一つ摘み上げ、もう片方の二本指とでこよりをそっとひねる。そうして広げた和紙を手のひらに置くと、向かい合わせになっていた半球状の白と紅が、ころりと転ぶ。

それを、空いた手の指で一つ摘み、平らな面を下にして、そっと舌の上に載せてやる。この時に、なるべく舌を動かしてはいけない。ましてや噛むことなんか言語道断だ。

というものがあり、その味を感じるのに必要な刺激量というものが決まっている。その値は苦味＜酸味＜塩味＜甘味の順に大きくなる。人体の構造として「苦味」は微量でも感じやすく、「甘味」は他の味に隠れやすい性質を持つ。もちろん、その飲食物が持ちうる「香り」も大きく味に影響するため、一概に言うことはできず、各々の閾値というのは、生活習慣や普段の食生活によって個人差がある。

アナエロビック
収穫したコーヒー豆の精製過程における発酵方法の一つ。別名「嫌気性発酵」と呼ばれ、収穫したチェリーや、果肉を除去した豆を容器に入れて密閉し、酸素を遮断した状すると、五つも数えぬうちにその半球が舌の上で溶け始め、甘く優しい**和三盆**の風味がじんわりと口の中に広がっていく。そんな幸福の始まりを合図に、丁寧にその半球を舌の上でひっくり返そう。さすれば、この幸せな時間を計る砂時計のように、サラサラと舌の上にほどけて、その幸福は最高潮を迎える。

そのたおやかな見た目通りに施される可憐なひと時は、繊細なスペシャルティコーヒーを楽しむ一助となる。

愛知県は名古屋市に本社を構える「両口屋是清」。創業寛永十一年の老舗和菓子屋が製造するこの小さな菓子こそが、スペシャルティコーヒーをはじめとした「酸を楽しむコーヒー」のマリアージュにおける、一つの正解であると推挙したい。

和三盆と粉糖のみで仕上げられた「二人静」は、そのふわりとした味、質感ともに繊細で、とりわけウォッシュトと軽めの**ハニープロセス**のコーヒーによく合う。

先刻から語っている「風味／フレーバー」と「味の強度」の両方を満たした菓子であり、何より、舌の上に留まる時間が絶妙なのだ。

これより短くても物足らず、長ければくどい。ちょうど浅煎り、中煎りあたりのコーヒーが持ちうる酸味と甘味を、絶妙に待ち受けられる口溶けは、二口目以降のインターバルにも打ってつけである。

態で活性する微生物の力を使って発酵させる。ワイン醸造の技術が元になっており、従来の風味とは一風変わった、特徴的な味を生む発酵方法。

和三盆

四国東部の香川や徳島が主要な生産地であり、口溶けが良く、柔らかい上品な甘さが特徴の砂糖。「研ぎ」と呼ばれる砂糖の粒度を細かくする作業を盆の上で三回繰り返していた工程が、その名の由来となっている。

ハニープロセス

収穫したチェリーの果肉を除去した後、ミューシレージを残したまま乾燥させる精製製法。ウォッシュト（↓P．137）

名古屋·両口屋是清の「二人静」。舌の上でサラサラとほどける儚い甘さは、ウォッシュトやハニープロセスの繊細なフレーバーを引き立てる。和三盆糖を使った同様の干菓子は、京都や香川、埼玉などにもあり、「くす玉」という名で呼ばれることも多い。

その可憐な味は、コーヒーの風味を押し除けることもなく、かといってコーヒーに塗りつぶされるわけでもない。

幸福の砂時計に酸味を基調とした繊細な味。そのどちらもが主役を交互に演じられるのが、半透明の和紙で包まれた紅白の玉「二人静」なのである。

とナチュラル（↓P．140）の中間に位置する製法であり、別名「セミウォッシュト」や「半水洗式」とも呼ばれる。

その風味はミューシレージ（↓P．127）の付着具合で変化し、多めに残せばナチュラルのような風味に、ほとんど除去すればウォッシュトのようなクリアな味になる。また、ミューシレージの残存率によって、ブラックハニー、レッドハニー、イエローハニー、ホワイトハニーとその名を変える。

7
そのコーヒー、ゼリーで味わってみてはいかが？

匙の上で踊る黒い宝石。こぼれ落ちぬよう慎重に、もそっと慎重に運ぼう。

フルフルと震える手を鎮めると、まるで黒曜石のように鋭利に光るソレが、見る者の視線を、その黒に惹きこんで離さない。

緊張の糸を張りながら、かろうじて品が保たれる大きさに広げた口で、やっとこさ匙を迎え入れた。優しく喰んで舌に滑らせると、少しの安堵。

すぐさま口腔に広がるほのかな苦みと清涼感に、思わず長めのまばたきをする。

鼻から少し長めに息を抜きながら、再び目の前の黒い宝石を小さい匙でカットする。

ゆるりと気長に、これを繰り返すだけの時間。

愛好家と言わずとも、日々コーヒー常飲している人であれば**コーヒーゼリー**くらい自作できても、そこに衒いはなく、損もないだろう。

様々な味やフレーバーへの興味に、思わず色々な豆を買いすぎてしまい、日々の消費では追いつかずに飲み頃だけが過ぎていく。そんな〝豆渋滞〟とも呼ばれる卓上

コーヒーゼリー

抽出したコーヒーをゲル化剤で固めたデザート。日本が発祥とも言われるが、1817年にイングランドで発行された料理本には「coffee jelly」という言葉とレシピが綴られている。ただ現在、日本以外の国ではあまり見かけない、世界的には珍しいコーヒーの楽しみ方。

ゼラチン

果汁などの液体物をゼリー状に固めるゲル化剤の一種。牛や豚等の皮や骨などに含まれるコラーゲンに熱を加え抽出したタンパク質を原料とする。食用より精製度が低いものはにかわと呼ばれ、古くは掛け軸などに使用する天然素材の接着剤に使用されていた。

アガーで調理したコーヒーゼリーは透明度が高く、抽出したコーヒーの液色がダイレクトに映える。砂糖は思った量の倍入れるのがおすすめ。強めの甘さは、深煎りの苦味にも、浅煎りの酸味にもよく合う。

の誤算は、コーヒー好きなら誰しもが経験あるはずだ。いくらコーヒーが好きだとはいえ、そう何杯も飲用できるものではない。

そんな時、役に立つのが「コーヒーゼリーの自作」という、コーヒーの楽しみ方の〝二の矢〟である。

しばしば喫茶店やカフェのメニューにその名を連ね、時にパフェを縁の下で支えるコーヒーゼリー。作り手はもちろん、その提供のされ方によって様相を変化させる黒い宝石には、見どころと言うべきか、いくつかの要所が存在する。

まずは、その「色」だ。

差し込んだ光を吸収し、さながら黒曜石のように艶美に照るのか、はたまた日暮れの狭間のような赤で艶めくのか。見た目という点では、そのモノの透明度はどうか。色に濁りがあるのか、向こう側が見通せそうなほど澄んでいるのか。

かたや、ゼリーという甘味の本質とも言える、「質感」

ならびに「食感」はどうだ。

指先でつまんだ小ぶりの匙から伝わる、十人十色の意思の硬さ。半可な気持ちでは切り分けられない程に反発してくる弾力もあれば、匙が自重で沈むほどに柔らかく、繊細で慈愛深く接すべき柔肌まで、バラエティに富む質感は枚挙にいとまがない。

肝心の口内では、その体温でドロリと溶けるのか、はたまた初志貫徹にその身を崩さず、つるりと喉へと滑るのか。

言うまでもなく、「味」はことさら重要であるが、B級グルメなんかによくある〝見た目は悪くも味は良い〟なんてことは、ことコーヒーゼリーにおいては存在し得ない。匙の上での揺れ方を含め、勝手ながらにコーヒーゼリーへ求める要素は、ひとえに、使用する凝固剤にそのほとんどが委ねられている。

ゼラチン、**寒天**、**アガー**。

聞いたことがあるモノ、ないモノそれぞれだと思うが、この三つがゼリーをこしらえる際に使用する、凝固剤の代表種である。

これらは、それぞれが持ちうる明確な特性を活かしながら、巷に流通する数多ある水菓子にその姿を変え、八面六臂の活躍をしている。

もちろん、三種ともにコーヒーとの相性はよく、それゆえ様々な特徴を持つコーヒーゼリーが存在するのだが、その中でも私は「アガー」を強く推したい。

寒天
ゼラチンと同じゲル化剤の一種。主にテングサという海藻を原料としており、一度ところてんを作り、それを脱水、乾燥することで製造する。一般的に固めのゼリーが仕上がると思われがちだが、メーカーや商品ごとに「ゼリー強度」という基準が存在し、口当たりを柔らかく仕上げることができる寒天商品もある。

アガー
ゼラチンと同じゲル化剤の一種。海藻やマメ科の種子が原料で、ゼラチンと似たような特性を持つ。タンパク質を含まないため、タンパク質分解酵素を持つパイナップルやキウイなどのフルーツゼリーでも活躍。粒子が細かくダマになりやすいため、砂糖などと混ぜてから使うのがおすすめ。

私が理想とするコーヒーゼリーの条件を述べる。

まずは、表面からカップの底までが見通せるほどの「透明感」。匙で掬ったそれを目線までつまみ上げると、ゼリー越しにスラッと光が通り抜ける。向こう側が見えるほどに澄んでいると、それだけで幸せの鐘が鳴り響く。たった数センチの茶褐色のレイヤーがかけられた景色は、まさに眼福。

次にフルフルと匙の上で踊る、見るからにトロけそうな「質感」。羊羹や琥珀糖の製造で活躍する、寒天で固められたコーヒーゼリーとは、私の好みは対極に位置する。牛乳寒天をはじめとした、意思の硬いゼリーが嫌いなわけではないが、こと単品のコーヒーゼリーにはフルフルとしたソフトな食感を求めたい。

寒天を使う硬めのコーヒーゼリーは、ダイスカットにして他の食材と合わせるパフェの土台に用いるのが、掛け算による食感の妙が楽しめ、うってつけのように思える。

そして最も重きを置くべきなのが「食感」だ。慈愛

From WAKO COFFEE Channel.

【MAX透明感】コーヒー屋が本気で勧めるコーヒーゼリーの作り方

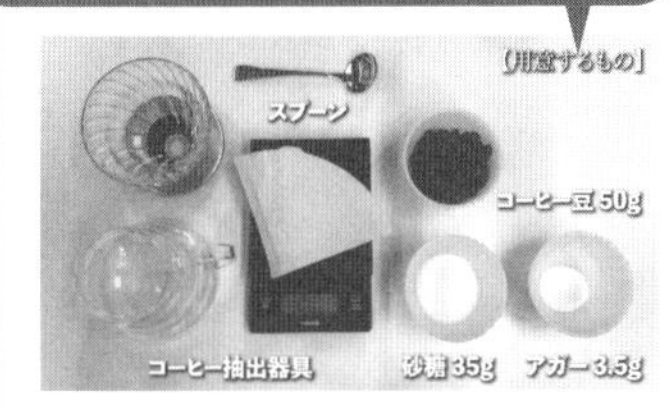

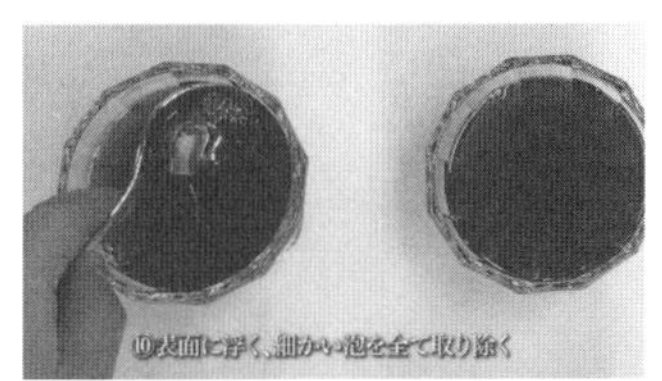

アガーは酸味の強いもの合わせると固まりづらくなる場合があるので、使用するコーヒーの酸味に合わせてアガーの量は調整するのがおすすめ。自分だけの黄金比を発見して欲しい。

https://x.gd/gqh1o

に満ちた手つきで口元へ運んだ後、見込み通りの柔らかさで舌に乗っかり、その期待を崩さぬまま、つるりと喉奥へと滑っていくあの清涼感。さらにコーヒーの風味に続いて、もれなく達成感が鼻腔を抜けていく感覚は、ゆったりとした時の情感を気に留めず、二口目を急かす。

　こうした一連のコーヒーゼリーの楽しみ方を、難なく実現できるもの、それが「アガー」なのである。

　ゼリー作りにおいて、最もポピュラーな材料として用いられるのは「ゼラチン」で間違いないだろう。

　このゼラチンとアガー、原材料や特性など似つかわしくも相違点がある中で、とりわけ注目すべきは両者の凝固温度である。

　ゼラチンは二〇度以下で固まり、アガーは三〇〜四〇度以下で固まる。早い話、ゼラチンで作ったゼリーは人の体温で溶け、アガーを用いたゼリーは体温では溶けづらいのだ。

　つまりゼラチン製のゼリーは、口に含んだ瞬間からドロリと溶け出し、プルンと柔らかい食感になる。

　反対にアガー製のゼリーはフルフルと震えるままに、ぷるっとつるりとその食感を維持したまま、喉越しまで楽しめるのだ。

　凝固時間に関してもゼラチンは1時間から1時間半程度を要するのに対し、アガーは三〇〜四〇分と早いため、待たされるもどかしさも少ない。

　前述した見た目に関しても、ゼラチンは元より泡を抱き込む性質があるため、完成品が少し曇った色合いになる。

　そこで我らがアガー。使用する液体の色合いを忠実に固める、寒天、ゼラチンを優に上回るほどの凝固時の透明度が自慢である。

　これだけのお膳立てをしてもらえば、勝利は目前。溜まった眼前のコーヒー豆たちを見て、妙にワクワクしてはこないだろうか。

コーヒー屋が本気で勧めるコーヒーゼリーの作り方

準備する物

ドリッパー
（ハリオのV60、CAFECのフラワードリッパー、ORIGAMIドリッパーなどの「お湯抜け」が良いタイプがおすすめ）
抽出器具一式、ボウル、スプーン、泡立て器、グラス

材料

コーヒー（中細挽き）30グラム
グラニュー糖 25グラム
アガー 2.5グラム

作り方

1 ドリッパーにペーパーフィルターをセットする

2 しっかりとリンスを行ったフィルターに、コーヒー粉30グラムをセットし、粉全体が湿るよう湯を30ミリリットル注ぎ30秒待つ

3 30秒以内を目安に、300ミリリットルの湯を一気に注ぎ、一分半待つ。ドリッパー内に多少湯が残っていても、サーバーから外し、これにてコーヒーは完成とする

4 グラニュー糖25グラム、アガー2.5グラムをボウルなどの容器に入れ、軽くかき混ぜる

5 4に先ほど抽出したコーヒーを注ぎ入れ、入念にかき混ぜる。スプーンや泡立て器などでグルグルと渦を作りながら、時たま器の中心を突つく。シャリシャリとした砂糖の感触が無くなるまでが目安

6 適当なグラスを二つ用意する。5をゆっくりと注ぎ入れた後に、器に浮かんだ小さな気泡をスプーンで掬い取る
（特に味に影響があるわけではないが、出来上がりの際に、光沢が艶めく明媚な表面を拝むための手間としては、造作ない手間であるため、実施することを推奨する）

7 粗熱が取れたら、冷蔵庫に放り込み、30分から40分待てば出来上がり

ゼリー作りと相性の良いコーヒーの銘柄や焙煎度は特段ない。普段飲用するコーヒーと同じで、個々人の好みのものでOK。裏を返せば、ゼリーにしたことで不味(まず)くなるようなコーヒーも特にない。

逆に、このレシピには砂糖が入っていることもあり、普通にドリップして飲むだけでは物足りなかったという豆でも、ゼリーにすることで美味しく楽しめる、といったことも起こりえるだろう。

コーヒーの抽出は、かなりあっさりと淹れるレシピになっている。コーヒーゼリーは冷たい状態で食べるものだけに、ベースとなるコーヒーが濃いめだと、豊かなフレーバーやボディ感より、雑味やエグ味が目立ってしまうおそれがあるためだ。

ただ、これに関しても食べる人の好みに左右されるところが大きいので、様々な器具や抽出を試す余地はまだまだ残っているだろう。

お気に入りの店で買ってきた豆たちの、新たな表情を見つけるのにも、このゼリー作りは悪くない。

抽出に各々のこだわりがあるように、自身のコーヒーの解釈を広げ、コーヒーゼリーの作り方や食し方にまで信念が生まれれば痛快だ。

伸びしろを秘めた、目の前の黒い原石を慎重に掬(すく)い、ゆっくりと舌へ滑らせる快感を、ぜひ体験していただきたい。

第2章

コーヒーともっとつき合う

8
「コーヒー屋」には、どんな仕事がある？

昨今、ＳＮＳの普及やコロナ禍による自粛期間も相まり、「趣味としてのコーヒー」が隆盛を極める中、それと同時に「職としてのコーヒー」が以前にも増して関心を集めている。新卒、転職、副業と形態を問わず、男女ともに幅広い年齢層が職業の選択肢に「コーヒー」を挙げることも珍しいことではなくなった。

ＹｏｕＴｕｂｅなどを通じて、日々コーヒーに関する情報発信を行ってきた私の元へ届く就職相談も、二十代半ばから後半といった同年代を中心に、年々その件数が増えてきている。

相談内容は大まかに二つに分かれる。一つはコーヒー業界への就職ならびに副業化についての相談で、もう一つはコーヒー業界内での転職活動に関するお悩みだ。前者と後者の割合は概ね半々。つまり、新しくコーヒーを仕事にしたいという人と同じくらい、業界内での転職を考えている人もいるというわけだ。

時代の流れによる働き方の多様化と、仕事に対する個人の価値観の変化というのは、コーヒー業界に限らず離職、転職の敷居を下げ、社会に属する人々のフットワークを年々軽くさせてきた。

就職活動を商材とする人材派遣会社の台頭もあり、新たな職場や職そのものが構造化された現代では、良くも悪くも、自身の現状に不満を抱いた際に、より行動を起こしやすくなったと言えるだろう。

その不満というのは、給与や福利厚生の面で積もりゆくのが常ではあるが、二十代後半の私と同年代のコーヒーマンからよく聞くのは、「自身が思い描いていた理想とのギャップ」というものだ。

これは、コーヒー業界に限らず、現代の若者が一様に呟く文言ではあるのだが、ことコーヒーにおいては、そういった胸中(きょうちゅう)に至る理由が多少なりとも理解できる。

その最たる要因は、「コーヒーに関する仕事をしたい」という、漠然とした志望動機からくるものである。

コーヒーに関する仕事というのは多種多様であり、中にはコーヒーそのものを扱わない業種も多い。また、複数の業態を持つ大手企業に入り、予想だにしていなかった業務に就(つ)くことも、その一因となり得る。

しかし、これを本人のリサーチ不足と一蹴(いっしゅう)できないのがコーヒーの世界である。それほど当業界に存在する職種の実態を把握するのは難しい。

近年、コーヒー業界がテーマとして掲げる言葉に「From Bean To Cup(フロム ビーン トゥー カップ)」がある。

農園で収穫された豆が消費者の手元に届くまでを表すものだが、これに沿って、コーヒー豆を扱う職種を表したのが71ページのチャートである。

コーヒーに興味のある人であれば、生産国から一般家庭にコーヒー豆がたどり着くまでの流通経路を可視化したチャートを一度は目にしたこともあるだろう。

それらの多くは、作成者であるコーヒー関係者の配慮により、明朗に親しみやすく作られている。71ページのチャートでは、それらの配慮を取っ払い、なおかつ、私が出会ってきた中で、自身の職業を「コーヒー関係」と説明していた方が従事していた職種を率直にピックアップしている。

まず、**A**の枠で囲んでいるコーヒー農園、精製所、農協、輸出業者という流れは、日本国外、つまり生産国を中心としたコーヒーの流通経路である。

このプロセスに携わる仕事は、日本人が「就職する」という意味においては、きわめて特殊なケースとなるため、本稿においては詳細を割愛する。

では、日本国内において、海外から輸入されてきたコーヒー豆に最初に関わる業種は何か。それは、**B**の枠で囲んである三つの職務である。

農作物であるコーヒーは、過度な農薬や虫類の有無といった植物検疫をはじめ、いくつかの通関手続きを済ませた後に、正式に国内の在庫となる。それら一連の作業を遂行するのが「貿易業務」だ。コーヒーの通関手続きは多事多難であり、パソコンの置かれたデスクで、たびたび発生する事件困難をのべつ幕なしにさばく背中は、まさにコーヒーのプロの後ろ姿である。「貿易業務」は、ある程度の規模の商社になると内製化されており、得てして輸入会社の一部署として存在するのだが、これを専業とする輸出入手続き代行の企業も少なくない。扱う事務書類も英字のものが多く、コーヒーを通じて海外に関心が向いた人には、働き先の候補の一つに入れても良いかもしれない。

さらに、コーヒー業界に身を置く者でも、なかなかに馴染みがないのが「港湾」である。

日本国内に入ってくるコーヒー豆は、通関手続きに際して、もれなくそれら全てが港で計量されている。その理由は、麻袋に詰められたコーヒー商品が、得てして不定貫（重量が異なる）なことにある。

例を出すと、ブラジルのコーヒー麻袋などは「一袋六十キロ」という規定があるのだが、実際は運搬中の豆漏れや産地での人為的な理由によって封入重量は多少前後する。概ね±一〜二キロ程度の誤差だが、中には三キロ以上目減りしている袋もある。ブラジル＝六十キロという認識でそのような麻袋を仕入れると、商社及び製造メーカーは大きく損を出してしまう。

“From Bean to Cup” コーヒーが消費者に届くまでの流通経路

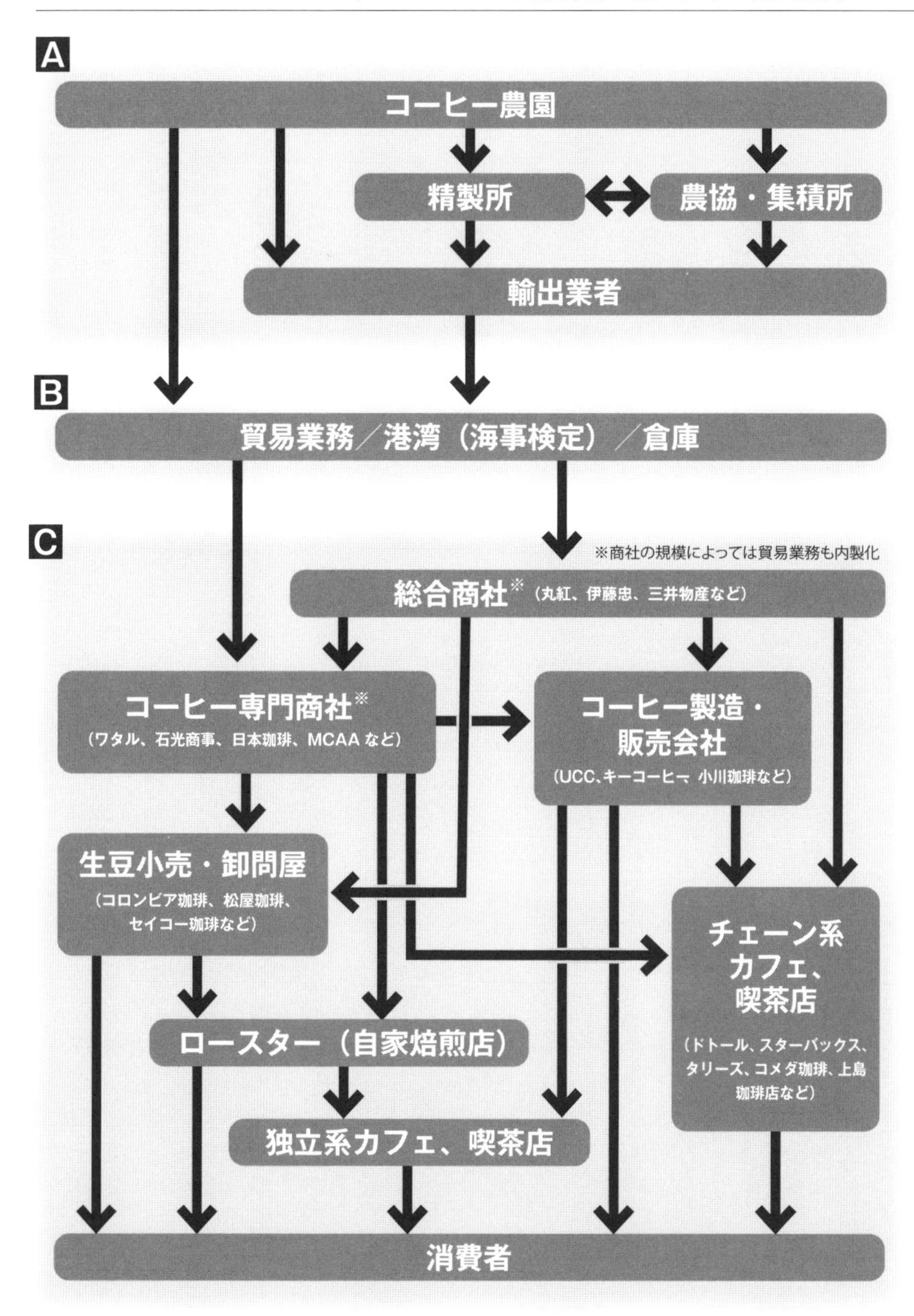

そんな事象を避けるために、入港された全てのコーヒー商品を計量し、検定を行うのが「港湾」の中の海事検定協会という第三者機関である。ロースターの店頭などでコーヒーの麻袋を目にする際、表面にある「59・7」や「60・2」などの赤い走り書きに気づくかもしれない。通称「切付」と呼ばれる数字だが、これが海事検定によって計量が行われた印だ。

この海事検定協会を「コーヒーの仕事」として加えるにはいささか躊躇があるが、我々コーヒー屋が安心してコーヒーの仕入れをするための基盤となる重要な業務として、ここに紹介しておきたい。

こうして海事検定と諸々の通関手続き終えたコーヒー豆は、必ず横浜、名古屋、神戸の港付近に点在する「倉庫」で保管される。商社などが受注したコーヒーは、基本的にこれら倉庫から我々のようなコーヒー関連の事業者の元へと出荷されるわけだ。

無論コーヒー豆は、星の数ほどある倉庫業の管理商材の一つに過ぎない。しかし、コーヒーという農作物は、産地や銘柄、ロットが非常に多岐に渡り、温度管理など保管時の扱いにもデリケートさが要求される。

私は以前、「コーヒー豆の管理を二十年以上担当しています」という倉庫業の方と話したことがあるが、その人から滲み出るコーヒーへの情熱は、並々ならぬものがあった。そんな「倉庫」も、数ある「コーヒーに携わる仕事」の一つなのである。

倉庫から出荷されて以降、**C**の枠で囲まれる商流は、多くの方が何となくイメージできるところだろう。

コーヒーの国内流通において、そのほとんどの割合を占めるコモディティコーヒー（→p.83）は、丸紅、伊藤忠商事、三井物産、三菱商事などの総合商社を通じて大手コーヒー製造・販売会社などの下流に流れる。

また、総合商社ではなく、コーヒーを専門に扱う専門商社も存在する。こちらは事業規模も様々で、一般的な耳馴染みはあまりないかもしれないが、ワタル、MCAA、石光商事といった企業が代表的だ。これらは特定の地域から特徴のある品を扱うなど、専門性を生かした小回りの利く取引を行うのが強みである。

これら商社によって生産地から輸入されたコーヒーは、コーヒーの製造・販売会社に卸される。

ここにはUCCやキーコーヒー、小川珈琲と言ったコマーシャルなどで一般的によく名の知られた企業が多数存在する。取り扱う製品も、コーヒー豆やインスタント、ギフト、コーヒー飲料など実に幅広い。

さらに、商社から仕入れた生豆を小分けし、小規模ロースターやカフェ・喫茶店などへの販売を行う小売／卸問屋も存在する。中小規模のエリアでの商いが多く、一般への小売にも対応するという意味では、より消費者に近い位置にある業種である。また、新規に自家焙煎を開業する人にとっても欠かせない存在だ。

そのほか、近年、破竹の勢いでカフェなどが増加しているスペシャルティコーヒーの分野では、専門商社とロースターとが直接取引を行うケースも多い。

さらに、専門的な知識や現地との繋がりを生かしたロースターが、直接生産地に出向いて取引を行う「ひとり商社」のような業態もある。ただしこちらは、「就職先」としてはかなり限られたケースになるだろう。

製造・販売会社や卸問屋を経て商流の下流まで来たコーヒーは、対面あるいはネットを通じて消費者の元へ届けられる。スーパーや百貨店など販売チャンネルは様々だが、一般的に「コーヒー屋」と捉えられるのはロースター、カフェ、喫茶店といったところだろう。

カフェと喫茶店については、ドトールやスターバックス、コメダ珈琲などのチェーン店系と、独立系の個人経営店がある。

前者は独自のブランドとスケールメリットを生かして時流に合わせたコスパの高い商品を展開、後者は尖ったコンセプトや親しみやすさなど、店ごとの様々な多様性を楽しめるのが魅力だ。

以上、農園から消費者への流れに沿ってコーヒーに関わる業種を大まかに紹介してきた。

しかし、これらはあくまで「コーヒー豆の流れ」をベースにした業種であり、コーヒーの仕事には他にも様々な業種が存在する。

例えばコーヒーの抽出器具やマシンの分野には、多種多様なメーカーや販売会社、代理店が存在するし、レストランやコンビニなどで使う業務用の機械やカートリッジ品を取り扱う会社もある。

さらには、店頭販売や流通に関わる資材を取り扱う会社など、コーヒー業界は実に幅広い業種によって構成されている。

また、全日本コーヒー協会やＳＣＡＪなどのコーヒー関連団体、ＵＣＣコーヒーアカデミーなどの教育機関やセミナー、資格講座、雑誌やウェブメディア、コーヒー関連のイベント企画・運営、最近ではコーヒー系ＹｏｕＴｕｂｅｒなども、「コーヒーの仕事」と捉えることができるだろう。

このように多様な広がりを見せるコーヒーの仕事だが、そんな「コーヒー屋」それぞれの立ち位置を縦と横の軸で表したのが76～77ページの分布図と、それに相当する具体的な企業名、団体名などだ。

縦軸は、上に行くほど「業者寄り」の仕事となり、下に行くほど「消費者寄り」の仕事となる。

一方、横軸は、左に行くほど「農園寄り」の仕事となり、右に行くほど「家庭寄り」の仕事となる。

ただし、コーヒー企業はそれぞれ複数の業種を兼ねるケースが多いので、この分類はあくまでその企業の一面を捉えたものであることを考慮していただきたい。

この分布図で、コーヒー業界の全体像をある程度つかめたら、自分が仕事をしてみたい業種はどのあたりかをイメージして、その業種で気になる企業があれば、ホームページなどで業務内容を調べてみるといい。

そうやって、まず一つの企業について調べ、次にそこに関連する企業や業種について調べてと言った具合に広げていくことで、「コーヒーの仕事」への理解は、より具体的で立体的なものになっていくはずだ。

ここまでで、「コーヒー屋」と呼ばれる職業のおおよその内訳を知っていただけたと思うが、もう一つ、説明しておくべきポイントがある。それは各業種に割り当てられるポスト、すなわち働ける人の数だ。

76ページの分布図でいくと、家庭寄り、そして消費者寄りになる業種、つまり右下に位置する業種は、企業数並びに従事者数が多く、ひとえに門戸(もんこ)が広い。

反対に、農園寄り、業者寄りになる左上の業種は門戸が狭く、従事者のポストも少ない。特に、コーヒー

From WAKO COFFEE Channel.

【全22種】コーヒーにまつわる仕事を現職が徹底紹介してみた【後編】

本稿の内容をもとに、コーヒー屋の業務形態を具体的な社名を出しながら紹介した回。扱うコーヒーの状態を「生豆」「焙煎豆」「液体」の三つに分け、そこに「コーヒーを扱わない仕事」を加えた計4部門で解説している。

https://x.gd/XFIzi

コーヒー業界の業種と企業・団体・店舗〈主観的〉分布図

家庭

サービス（機械整備）
DCS、ラッキーコーヒーマシン、ブルーマチック、各社代理店

マシン／器具メーカー
富士珈機、ワイルド珈琲、カリタ、ハリオ、メリタ、ユニフレーム、タイムモア

資材メーカー
ニコノス、清和（パッケージ通販）、ラクスル（ダンボールワン）

焙煎加工業（OEM）
関西アライドコーヒー、ユニオンコーヒーロースターズ

マシン／器具代理店
ラッキーコーヒーマシン、DCS、ブルーマチック、トーエイ工業、大一電化社、ノーザンコマーシャル、Kurasu、福島珈琲

小売／卸問屋（生豆小分け）
US フーズ、コロンビア珈琲、セイコーコーヒー、ワールド珈琲商会、松屋珈琲、マドゥーラ

ドリップバッグ製造
三洋産業、PSI、山中産業、ドゥーサンタン、スピン

卸売業（焙煎豆）
ハマヤ、トーホー、アートコーヒー

マシン／器具小売業
カリタ、ハリオ、メリタ、デロンギ、ネスレ、ユニフレーム、下村企販、KINTO、ブランディングコーヒー、各種喫茶店・カフェ・ロースター

清涼飲料製造業（OEM）
トモエ乳業、中村商店、京都飲料、GS フード

清涼飲料メーカー
サントリー、キリンビバレッジ、コカ・コーラ、アサヒ飲料、UCC、伊藤園（タリーズ）、ネスレ、ダイドー、ポッカ、サンガリア、森永乳業、大山乳業

飲食サービス（チェーン店）
ドトール、スターバックス、タリーズ、珈琲館、コメダ珈琲、サンマルクカフェ、プロント、星乃珈琲店、上島珈琲店、エクセルシオール、ルノワール、コナズ珈琲、高倉町珈琲、三本珈琲店、椿屋珈琲、セガフレードザネッティ、ブルーボトルコーヒー、猿田彦珈琲、びっくりドンキー

小売業（関連製品全般）
カルディコーヒーファーム（キャメル珈琲）、ジュピターコーヒー、ホリーズ、キャラバンコーヒー、ワールドコーヒー、イノダコーヒー、各種喫茶店・カフェ・ロースター

飲食サービス（独立店）
個人経営のカフェ、喫茶店

農園

業者

消費者

貿易業務

各商社社内部署、代行業者

港湾 / 倉庫

日本海事検定、上組、三井倉庫、富士倉庫

総合商社

丸紅、伊藤忠商事、三井物産、双日

コーヒー製造メーカー

UCC、キーコーヒー、AGF、小川珈琲、ユニカフェ、丸山珈琲、澤井珈琲、honu 加藤珈琲店、珈琲問屋、大和屋、服部コーヒーフーズ、キャピタル、サザコーヒー、ヒロコーヒー

専門商社

ワタル、MCAA、石光商事、日本珈琲貿易、アタカ通商、住商フーズ、ボルカフェ (外資)、イーコムジャパン (外資)、兼松、lohas beans、オリジンコーヒートレーダーズ、海の向こうコーヒー、TYPICA

コーヒー関連団体

日本スペシャルティコーヒー協会（SCAJ)、全日本コーヒー協会、全日本コーヒー検定委員会（J.C.Q.A)、FNC コロンビアコーヒー生産者連合会、日本バリスタ協会(JBA)、バリスタギルド・オブ・ジャパン

コーヒー教育機関

UCC コーヒーアカデミー、キーコーヒーコーヒーセミナー、スノービーンズ、レコールバンタン、キャリナリー、辻調理師専門学校、店舗主催セミナー（カフェ系、喫茶店系、ロースター系）

コーヒーメディア

Cafe Res（旭屋出版)、STANDART（Standart Japan)、BRUTUS（マガジンハウス)、書籍・ムック、ZINE、YouTube、Instagram、ウエブマガジン、ブログ

※各業種の企業・団体等の掲載順は筆者及び編集部の主観によるもの。企業によっては複数の業種を兼ねる。グループ企業で複数の業態を展開する場合、代表的な業態(店名等)のみを記載しているものもあり。

の仕入れで海外を飛び回るような、分かりやすい花形であるコーヒー商社マンは、日本に百人、居るか居ないかといったところだろう。

もちろん、門戸が広い、狭いで仕事に優劣がつくわけではないが、このような絶対的に数が少ないポストの職に就くためには、それなりのリサーチや準備、心構えが必要になってくるのはいうまでもない。

さらに言えば、こうした従事者の少ない職種は、従事者の多い職種に比べて、具体的な業務内容を事前に把握しづらい面がある。外から見えにくい分、「当てが外れる」可能性もそれなりにあるということだ。

事実、気負ってコーヒーの専門商社に入ってはみたものの、自分の趣向に合わずに二年足らずでそこを飛び出し、朝から晩まで汗水を垂らしながら焙煎機を回している私のような人間もいる。

とにかく自分が思い描いていたものと現実とのギャップは、多かれ少なかれ必ずある。であるならば、そのギャップをいかにしなやかに吸収できるか、そのための弾力性をいかに身につけるかが肝要となるだろう。

最後に、一つ断言しておきたいのが、コーヒー業界で働こうとする上で、それに伴う資格やコーヒーに関する経験は、全くもって必要ないということだ。

あくまでも中途採用で専門分野が多用される企業を志すのなら話は別だが、とりわけ、プロパー（新卒）で流通経路の上流に位置する企業になればなるほど、それは不必要になる。

これはコーヒー業界に関わらず、専門性の高いすべての業種で共通していると思うが、半端に知識やこだわりを持つ「オタク」は、たいてい敬遠される。

業務に必要な知識というのは、まともな企業であれば、ゼロから教え込まれる。そういった意味ではコーヒーへの見識は無くとも、職業としての熱は持っているといった、こざっぱりとした人物のほうが就職においては有利だろう。

私自身、就職活動を行っていた大学学生時分は、今、槍玉に挙げたような、絵に描いたようなコーヒーオタクであった。

運よく新卒でコーヒー企業に拾ってはもらったが、以後、コーヒーに対する熱量の塩梅の大事さは、コーヒー屋になった自分と、そこで出会う他人を通してひしひしと感じてきた。一言でいうと、「熱量が高すぎる＝企業として扱いづらい人材になりやすい」ということだ。

かといって、「コーヒーへの情熱を捨てろ」と言っているわけではない。コーヒーを仕事にしたいと思った際に、「好き」という感情を制御せず、前のめりになって視野を狭めるのは危ういということだ。

持ちうる情熱は心の奥で静かにみなぎらせ、さまざまな人や場所と関わりながら、両手に溢れるほどの情報を集めてみる。特に昨今は、ネットやＩＴの活用によって次々に新しいビジネスが現れる時代だ。

そこには、先述した業種／職種の範囲外で、より自分の趣向と適正にフィットする「コーヒーの仕事」が見つかるかもしれない。

とにかく焦りは禁物である。気負い過ぎた結果、最悪の場合コーヒーそのものに興味を失い、趣味としてのコーヒーまで霧散させてしまう悲しき事例もある。「趣味」として楽しんでいたコーヒーを、「職」としてのコーヒーにしたいと目論んでいる人は、程よい情熱を胸に、俯瞰の視野を忘れず、自分らしいコーヒーのプロを目指してほしい。

9 自己主張を捨てた焙煎の醍醐味とは？

残暑の続く九月の末日。

早まる日暮れに、店の営業が終わる十八時を過ぎた頃には、外も真っ暗だった。店内には轟々（ごうごう）と回り続ける焙煎機と、薄く汗ばんだ男が一人。その顔と腕には、生豆（なままめ）のホコリと**チャフ**が、余すことなくびっしりと張り付いている。右肩で汗を拭う男の袖には、いくら洗っても取れない、焦げ茶色のシワが幾重にも寄っていた。

コーヒー業界の繁忙期（はんぼうき）と閑散期（かんさんき）は、日本が有する四季によって明確に分かれている。寒くなる秋冬にその需要は高まり、春から夏にかけての気温上昇と連動して、その活気は緩やかに影を潜めていく。夏場の風物であるアイスコーヒーも、冬季の情景であるホットコーヒーの需要には遠く及ばない。

１９８３年に定められた「**コーヒーの日**」が十月一日であるのも、日本国内におけるコーヒー需要が、秋冬期から明らかに高まることが一つの理由でもある。

チャフ

生豆に付着している薄皮（シルバースキン）や塵が剥がれ落ちたもの。コーヒーの焙煎時に発生し、その多くは焙煎機に横付けされている「サイクロン」と呼ばれる部分に集められる。よく乾燥しており燃えやすいため、こまめに処理し、火災のリスクを抑える必要がある。

コーヒーの日／国際コーヒーの日

2014年３月のミラノ国際博覧会にて国際コーヒー機関が10月１日を国際コーヒーの日として制定。あくまでも国際コーヒーの日であるため、コロンビアは６月27日だったり、エチオピアは９月15日だったりとコーヒーの日が別にある国も少なくない。ちなみに日本は10月１日だ。

1コモディティコーヒーであるコロンビアスプレモ(→p.37)の生豆。麻袋に直接封入されており、その内容量は生産国によって差がある。生豆の呼び方は"キマメ"や"ナマ"と業者や年代によって異なるが、一般的には"ナママメ"と呼ぶことが多い。 2PROBAT UG-22の焙煎風景。全高は私(170センチ)よりはるかに高く、コーヒー豆が回転する釜(ドラム)が、ちょうど右頬に位置にくる。そのため、頻繁に右肩で汗を拭うことになり、私のTシャツの右肩は一年を通して茶色い。

後の2015年、国際協定によりコーヒーの新年度が10月から始まることを受け、ICO（国際コーヒー機関）によって十月一日は「**国際コーヒーの日**」に制定された。

そんな業界の繁忙、閑散などは、現場の人間であれば、その身を通してひしひしと感じている。日常業務として焙煎を行なっている私の場合を言えば、夏から秋にかけてその作業量は、優に倍近くになる。

私はドイツ製の焙煎機、**PROBAT（プロバット）のUGー22**と呼ばれるマシンを相棒に、その繁忙期には、一日4、5時間を焙煎作業に充てている。それに関する原料の手配や焙煎豆の出荷スケジュール、客先との打ち合わせを含めれば、1日のうちの6時間超を焙煎業務に振り分けていることになる。

といっても、焼く豆のすべてが自社の製品というわけではない。これだけの量を自力で捌（さば）けるほどの力があれば、私は焙煎部長の名の下に、複数名の部下を連れているだろう。そうではなく、私が行う焙煎の半分以上は「委託焙煎（いたくばいせん）」と呼ばれるものだ。これは文字どおり、コーヒー豆の焙煎作業を他社に委託することである。単純に日々の焙煎作業の負担を軽くするためであったり、自社の焙煎機では賄（まかな）えないほどの急な注文が入ったりしたときなどに利用されることが多い。

また、**ドリップバッグ**などの製品を作る場合、一度に大量の焙煎豆を製造業者に送

PROBATのUGー22

創業1868年。ドイツの老舗マシンメーカーPROBAT社の半熱風式焙煎機。マシンの上背は二メートルあり、最大で一度に約1500杯分のコーヒーを焙煎することが可能。製造は1960年代と、半世紀以上も昔のヴィンテージ品だが、現在の日本国内でも数台稼働しており、SNS等で目にする機会も少なくない。

ドリップバッグ

ペーパーフィルターに一杯分のコーヒー粉が詰められた、手軽にコーヒーを淹れることができる商品。目の前で抽出を行い提供する「カップ売り」

付し、製造を依頼するため、その一時的に増加する焙煎量を他社に委託することもある。

そんな仕事を弊社のような業者が請け負っている。

原料である生豆と、「この通りに焼いてくれ」というサンプル豆を送ってもらった後、加工賃を頂戴して、代わりに焙煎を行うわけだ。

こうした委託焙煎は、専門の業者こそ少ないが、昔から行われているコーヒー屋の業務形態の一つである。そして、この委託焙煎の面白いところは、「焙煎する人間が、自身の嗜好を断じて出してはいけない」というところにある。

日ごろ、各方面で情熱的に交わされるコーヒーについての議論。極めて自由度が高い飲み物であるがゆえ、各々の趣味嗜好を語り合うことは大いに結構である。

しかし、その議論のベースが「嗜好（しこう）」にあるのか、「品質」にあるのかという点は、不測の軋轢（あつれき）を避けるため、明確に区別しておく必要がある。

「コーヒーに正解はない」という、理解はできるが、個人的には多用したくない言葉。この言い回しも、「嗜好」がベースの議論であれば、一つの落とし所として使用するのに誤りはないが、「品質」がベースの議論においては、断じてその限りではない。

「嗜好」という言葉を辞書で引くと、「ある物を好み、それに親しむこと。また、そ

に、焙煎したコーヒー豆を小分けして売る「豆売り」に次ぐ、カフェやロースターにとって重要な第三商品。最近はティーバッグと同じ形式で、茶葉でなくコーヒー粉を充填した「ディップスタイル」と呼ばれるタイプもある。

コモディティ品

主に先物取引で売買が行われる「国名＋等級」だけが記されたコーヒーのこと。時代や職種によってその呼び名は変わり、「スタンダード品」や「コマーシャルコーヒー」と言う人もいる。また本来は、現地住民が消費を行わない、商業的取引用のコーヒーを指すことから「商業コーヒー」とも呼ばれる。

れぞれの人の好み。」と記されている。コーヒーでいえば、好きな抽出器具や飲み方、ハマっているコーヒーの銘柄や品種。はたまた精製方法などに対して、それぞれが自分の好きな枠や事柄を表現する言葉だと私は認識している。

一方、「品質」には、その立場によってさまざまな定義や解釈が存在する。中でも端的に表しているのは「製品やサービスが使用目的を満たしている程度」だ。「品質＝顧客が求めていること」という解釈から、「品質とは生産者ではなく、顧客が決めるもの」とする意見もあるが、その考えは、ことコーヒーに関しては、到底当てはまるものではない。それは、数多あるコーヒー屋がそれぞれに持つ「自身のこだわり」とは対極の考えとなるだろう。

それらを踏まえ、私はコーヒーにおける「品質」の定義を、「コーヒー屋自身が要求している一定の基準を満たしたモノ」として腹落ちさせている。

そうすると、一般的には自由とされているコーヒーにも、その内容に是非が生まれる。明言すると、「嗜好」に正解はないが、「品質」には不正解があるということだ。バリスタが提供前のドリップコーヒーをサッと味見する。そんなカフェで見慣れた光景が、まさにこれを表している。

そのテイスティングで問題が見つかれば、改めてお客に時間を頂戴し、今一度コーヒーを落とす。その行為の理由は、自店舗で定められている「品質」を満たしていないコーヒー、いわば「不正解の一杯」の出来上がりを提供前に察知し、再度淹れ直すことで、その生じた不足を補うことにある。

あくまでも「嗜好」の範疇（はんちゅう）での議論なのか、「品質」に対し「嗜好」をぶつけるような提言なのか。そのように話の前提を整理すると、巷で情熱的に繰り広げられるコーヒーへの議論も、幾分見方が変わってはこないだろうか。

焙煎してから即日発送を行うような〝豆の鮮度〟をウリにしているコーヒー屋に対して、「ちゃんと熟成、エイジングしていないか

ら、あの店はダメだ」などという指摘は、もはや暴論に近い。これが、その店が「品質」として定めていることに、自身の「嗜好」をぶつけている端的な例だ。

目の前のコーヒー豆が、ただ自

身の嗜好にそぐわないだけであれば、黙って他の物を探せばいい。それは誰かの求める「品質」なのだから、そこに角立てて提言を残す必要はない。それが「嗜好」と「品質」が入り乱れるコーヒーという飲み物

PROBAT UG-22。無骨な銀色のフォルムに、背中側には二本の黒いダクトが伸びている。右のダクトは釜内部の煙を排出し、左のダクトは、手前にある丸い冷却槽（煎り上がったコーヒー豆を冷ますパーツ）に繋がっている。タイマーやデジタル温度計など、釜を回すモーター以外の電子機器は一切ついていない。そのため、USB変換できる温度計を別で差し込み、パソコンを使用して日々の焙煎を管理している。

とのスマートな付き合い方ではないだろうか。

少々脇道に外れてしまった。話を元に戻そう。

「嗜好」と「品質」について言いたかったのは、コーヒーの焙煎には、その業務形態によって正解と不正解が存在するということである。

多くのコーヒー屋は、仕入れた生豆を自身の嗜好と照らし合わせながら焙煎し、導き出された味を品質として定める。無限の正解から自身の答えを導き出すわけで、それを一般的な焙煎だと定義すると、いま自分がまさに汗水を垂らしながら行なっている委託焙煎は、すでにある正解を忠実に再現する、自己主張の入り込む余地のない特殊な焙煎である。

委託焙煎を行う際には、それに使用する生豆と同時に、その焙煎の「正解」であるところの少量の焼き豆が発注元から送られてくる。

それを試飲した際に、「もう少し浅くした方がフレーバーが残るのに」なんて思うことも一度や二度ではない。ただ、それはあくまでも自分の「嗜好」だということを、どこまでも忘れてはいけない。

例外として、深過ぎる焙煎を依頼された際には、火災をはじめとするこちらの設備上の懸念もあるため、発注元とのすり合わせを行うが、基本的には発注元の「正解」を再現するために全身全霊を注ぐ。これも職人仕事であると、私はひしひしと感じている。

「言われた通りに焼くだけの作業なんて、楽で、単純で、面白みに欠けるのでは？」と思われるかもしれない。しかし、年間40トン以上の生豆を担ぎ上げ、その同量の焙煎を行っている私からいわせると、そこには委託焙煎でしか得られない焙煎の知見と、面白さがある。加えて、この業務には「慣れる」ことを許さない、ピリピリとした緊張感が常にある。

委託される豆は、主に**コモディティ品**であり、それゆえ同じ銘柄でも保管環境や収穫年度の違いから、その都度、焙煎の変数を調整しなければいけない。

品名は同じだが、その収穫年や保管方法が毎度バラバラの食材で、先方が定めた「正解」の料理を作らなければならないからだ。

また、手渡された材料に致命的な問題がある際には、正確に状況を報告し、原料を交換するための目利きも必要になる。

ふだん自社で販売する商品では焼かないような、膨大な種類と量のコーヒー豆に触れることができるのも、この委託焙煎ならではだ。

焙煎を行う際には、なるべく白いシャツを着ないようにしている。失敗しようものなら、通常、自社で行う焙煎作業以上の損失を生むことになる、委託焙煎業務の緊張感。そこに釜の熱気が加われば、どれだけ寒かろうが額（ひたい）は汗ばむ。右肩で汗を拭うクセを治そうとも思ったが、焙煎の最中、そんなところに気を向けられるほど達者でもない。当然、シャツの右肩は汗とコーヒーで落ちない茶色に染まる。

今日も釜の横に立ち、焙煎を始めた後に自分が白いシャツを着ていることに気づいた。一瞬よぎった「やっちまった」という思いは、新たに焙煎用の白シャツが増えた、という機転で無理矢理にフタをした。

轟々と回る焙煎機の中には、初めて会う生豆。また一枚、白い綿のキャンバスに、茶色いシワが刻まれる。

10
人が淹れてくれたコーヒーは、なぜ美味いのか？

生豆の仕入れに焙煎、卸しの営業やECサイトの管理。おおよそコーヒー屋が行っている業務の傍ら、動画を中心としたコーヒーに関する発信を始めてから四年、その活動を介してさまざまな人に巡り会った。

それまでの人生における出会いと比べると、その人数は指数関数的に増えており、もちろんのその内訳はコーヒー関連の業者が大半を占めている。

これにより関わる人間も、はたまた、自分自身の生活すら一変し、酒好きの私が誘い飲む相手も、めっきりコーヒー屋ばかりになった。

一方、このような生活の変遷の中、最も時間をともにしているのが同業のコーヒー屋ではなく、一人のコーヒー消費者であるというのは、ひたすらに不思議なことである。

プロ、素人問わず、情報発信の場においてSNSが隆盛を極める昨今。ことコーヒーの動画配信に関しては、もっぱらコーヒー屋とその関連業者が大多数を占めている。そんな環境にも関わらず、まるっきりの素人という立場で、その活躍の場を広げる西田備長炭（にしだびんちょうたん）という男は、現在東京に住んでいる。

出生は北の大地、北海道。都市圏でもその名を目にする「松尾ジンギスカン」という、北海道が誇るジンギスカンチェーンの発祥である滝川市にて生を受けた彼は、故郷の高校を卒業後、ラッパーになるという夢を叶えるために、その手に一本のマイクだけを握り込み、西の渋谷こと、東京都町田市へと飛んだ。

上京後は、夜な夜な極彩色の明かりの下で言葉を紡(つむ)ぎながら、コンクリートの密林をサバイブ。多事多難に試行錯誤の折り、ラッパーの活動は休止し、バンド活動を開始する。そこから自身で作詞作曲した**オーバーグラウンド**な青春をかき鳴らしつつ、池袋のスタジオで熱を放っていた最中、世間はコロナ禍に突入した。自身の活動に制限が掛かった事をきっかけに、趣味であったコーヒーを題材に「備長炭フルシティロースト」の名でYouTubeチャンネルを開設。

素人ながらにコーヒーの発信を始め、その軽快な語りとワードセンスに加え、コーヒー屋にはない目線と切り口から、一消費者でありながらコーヒー愛好家の中で人気を博してきた。どこのコーヒー屋に所属しているわけでもない素人ながら、数多の業者がひしめくネットの海で、近年**コーヒーインフルエンサー**としての地位を築き始めているのが、今日の彼である。

彼とは四年前に出会ってからというのも、種々雑多

From WAKO COFFEE Channel.

【備長炭×WAKO初コラボ】キャンプで飲むコーヒーが美味すぎなんよ｜至高のアウトドアコーヒーを求めて

のちに、数えきれないほど行うことになるコーヒーキャンプの第一回目。お互いにコーヒーとキャンプを掛け合わせた企画を持ち寄り、食と撮影に勤しんだ。そして、この日以降、私は薪を素手で触れることをやめた。

https://x.gd/yRHiA

な企画や催しへの共同参加に始まり、さらさらコーヒーとは関係のない旅行や酒盛りをしてきた。

東京出張の際、私は必ずと言っていいほど西田邸の屋根を借りる。宿泊中は連夜時計の針は気にせず、軒先に赤提灯を掲げる黄色い灯りの下で、愛だの恋だの珈琲だのとのたまいながら、二人で酒をくゆらすまでが定例だ。帰宅する頃には日付は変わっており、お互いに同じだけの疲労とアルコールを蓄えて、ようやく床に着くのは深夜一時や二時。

それにも関わらず、彼は一人で六時に目覚め、起き抜けにコーヒーを淹れている。そして、出来上がったコーヒーを注ぎ入れたタンブラーを片手に、夜遅くまでホッピーを飲み散らかして、グダグダで寝覚めの悪い私を横目に、日課の散歩へ行くのだ。その奔放なバックボーンからは及びもつかない、毅然とした生活を送るのが西田備長炭という人間である。

散歩から帰宅すると、彼は決まって、その日二度目のコーヒーを落とす。時刻は七時をまわる頃。私は、ラジオ体操に繰り出す夏の小学生のように、寝ぼけ眼(まなこ)を擦(こす)りながら、布団から引き剥(は)がした鉛のような身体をテーブルまで運んだ。未だ現世への要領を得ない意識を判然とすべく、四方八方へ伸ばしたアンテナのような寝癖をならしていると、ふいに、芳しい香りが鼻腔を撫でた。

オーバーグラウンド

仲良くなった当初。音楽活動を行っていると聞いたため、そのジャンルを彼に尋ねた際に返ってきた言葉。もとより音楽に明るくない私は、それを検索にかけてみたものの、いまいちジャンルの芯は掴みきれていない。彼曰く「王道」といった感じらしい。

コーヒー
インフルエンサー

主にSNSを通して、一般のコーヒー好きに対し、その行動や考え方に影響与える人のこと。従来はコーヒーの業界人がその位置に立つことが多かったが、SNSの発達により一様に情報発信のハードルが下がったことで、一消費者もその位置に立つことが、現代では可能になった。

起き抜けから打ち続いていた長い瞬(またた)きを終えると、その眼前には、一筋の湯気がすらっとが立ち昇る、小ぶりのマグカップが置かれていた。触れずともその熱が伝わってくるカップを、そろそろと手繰(たぐ)り寄せていると、右斜め前からズズッという音が聞こえる。視線を向けると、こちらに背を向けた西田備長炭がシンクの前に立っており、手際よくドリッパーとサーバーを洗い始めた。

その光景を一瞥した後、右手で手繰り寄せたカップを、小さくすぼめた口に傾ける。シンクに流れる水道の音に隠れるような音量で、ズズッと吸い込むと、軽やかなレモンの風味が、嫌味のないシャープな酸味と共に口内を駆けた。

程よい酸味に両頬がきゅっと絞まると、その刺激でうつろだった両の目がシャキッ

Layers coffee

長崎県の玄関口・大村市出身の幼馴染ふたりが、共同代表という形で経営を行っているロースタリーカフェ。他のロースターとコラボしたコーヒー豆の定期便や、コーヒーの技能に関する大会を主催するなど、カフェ経営以外にも様々なフィールドで活躍の場を広げている。

From WAKO COFFEE Channel.

【熊本カフェ】え、この浅煎り「味」優しすぎ!? 幼馴染二人組が挑戦を続ける『Layers coffee』に突撃取材

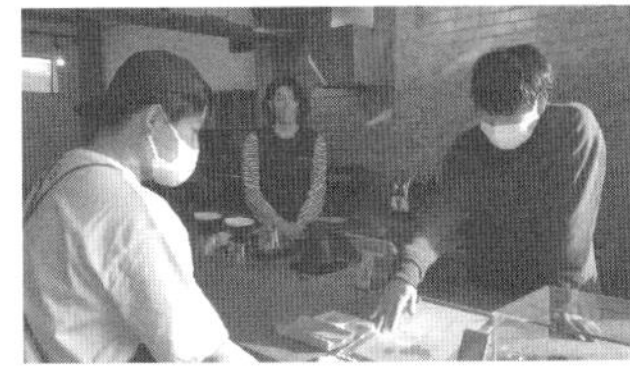

西田備長炭に誘われ、Layers coffeeに乗り込んだ取材動画。"柔らかな味"という印象のコーヒーは、小型焙煎機「Aillio Bullet R1」で焙煎されていた。焙煎量の増加に合わせて、今後はワンサイズ大きめのマシンを導入するらしい。

https://x.gd/f8lkl

と開く。コロンビアかコスタリカ。いや、このエッジのたった酸はアフリカ系だろうか。

いつからか頂戴するようになった西田邸での起き抜けの一杯は、その銘柄とロースターが伏せられた状態で提供されるのが、暗黙の恒例となっていた。

コーヒーと相対する際、常時気を張っているわけではないが、一定の緊張を常に羽織(はお)っているのは、コーヒーを生業にしてから備わってしまった悪癖かもしれない。

ただ、この起き抜けの一杯に対しては例外だ。

とりわけ目の前のカップを評価する必要もなく、隣には気の知れた理解のある友人しかいない。たとえ、ちゃんちゃらな品評を口に出したとて、寝ぼけの言葉で済まされる、気兼ねのない朝の空間。

何より、自身の手で淹れていないのが良い。

自分で抽出すると、その工程を通して些細なバイアスがかかり、どれだけ寝ぼけていようが、そのコーヒーを思考停止して飲むことは叶わない。結果として出た味に「寝ぼけながら淹れたからこんな味になったのか？」なんて身も蓋もない心象を抱く恐れもある。

いわば、目の前のコーヒーに対して、ひたすらに無責任な状態。ただ純粋に、コーヒー一年生であった頃の童心に帰るには、この、人に淹れてもらった起き抜けの一杯というのが大変おあつらえ向きなのだ。


「レイヤーズのケニアです」

起床してからダンマリを決め込んで、利きコーヒーをして遊んでいた私に彼は言った。

「ウマいっすね」

後に巡り会い、私の自宅に三日三晩泊まりにくるほど距離が近くなる店主が経営する九州のロースター、Layers coffee(レイヤーズコーヒー)の豆を飲んだのは、この時が初めてであった。

彼は豆の紹介を終えると、飲みかけのコーヒーを片手に移動し、隣室にあるノートパソコンの前にスッと腰を下ろす。一人、キッチンのテーブルに腰掛けている私は、身体中にじんわりと広がる熱の源泉である、右手の指に引っ掛けぱなしのマグを、静かにもう一度あおった。

「人の金で食う飯は旨い」なんていうが、ことコーヒーに至っては、人に淹れてもらったものの大抵がウマく感じる。もちろん、お店でのハンドドリップは、この杜撰脱漏(ずさんだつろう)な自論には含まれない。あくまで気を許すような、とりわけパーソナルな空間で淹れてもらった何気ない一杯にこそ、日々コーヒーと向き合い続ける人間に欠けがちな、コーヒーの本質が含まれているような気さえする。

「コーヒーは自分でいれるより、人にいれてもらう方がうまいんだ」

映画『**かもめ食堂**』のワンシーン。

舞台はフィンランドの首都ヘルシンキ。小林聡美(こばやしさとみ)演じる日本人女性が営む客の入らない食堂に、卒然と訪れた中年男〝マッティ〟が放った台詞だ。

彼は入店するいなや一杯のコーヒーを頼み、提供されたカップに口をつけて「うまい」と呟く。店主の小林聡美が「ありがとう」と返すと、マッティはすかさず「でも、もっと美味しくなるんだ」と続けた。

「うまいコーヒーを淹れるコツを教えてやろうか」

かもめ食堂

フィンランドの首都ヘルシンキに、小さな食堂をオープンした、日本人女性の生活を描いた日本映画。撮影に使用した「かもめ食堂」のセットは、現在「ラヴィントラかもめ」という名でレストラン営業されており、実際に訪れることができる。

コピ・ルアック

コーヒーチェリーを食べたジャコウネコの糞から採れる、未消化のコーヒー豆。腸内発酵により独特な風味を持つルアックは、その希少性の高さから高値で取引される。しかし、近年は動物愛護の観点から、その取り扱いやめるという声明を出す店も少なくない。ジャコウネコの見た目はネコというより、イタチに近い。

そのいけ好かない提案に、店主は少しの戸惑いを見せながら、首を縦に振った。

店の厨房へと場面が切り替わると、店主から受け取ったコーヒー粉を、マッティが静かにドリッパーへ掬い落とす。そして、セットした粉の中心に人差し指を突き立てると、自らが触れているコーヒーに語りかけるように「**コピ・ルアック**」とささやいた。

彼の隣で見物していた店主も、〝おまじない〟だというその言葉と所作を、なんとなしに真似してみる。

それを横で見ていた彼は、食い気味に首を横に振り、右の手のひらで自身の左胸をトントンと叩く。

そして、そのまま広げた右手で湯の沸いたケトルを掴み、目の前のコーヒーに、蒸らし分のお湯を丁寧に注いだ。

シーンはそこで切り替わり、大きめのサーバーに半分ほど溜まったコーヒーが映る。抽出を終えたらしいマッティは、手慣れた様子で雫を切りながらドリッパーを外した。白い湯気が立ち昇る、淹れたてのコーヒー。それを取っ手のないカップに一つだけ注ぎ入れると、隣に立っていた店主を、店内の座席に誘った。

向かい合った二人のテーブルに、コーヒーカップが一つだけ置かれる。促されるままそれを手に取った店主は、訝しげに香りを嗅ぎ、茶碗のように支えている取っ手のないカップを、ゆっくりと啜った。

少しの間をおいて、ハッとした表情で彼を見る店主に、「うまいだろ」とマッティは答える。

そして、例の言葉を彼女に投げると、それ以降彼は何も言わず、ポケットから出したコーヒー代を机に置き、颯爽と店を後にした。

コーヒー好きの間では、言わずと知れた名シーンであり、劇中にてこの言葉は〝おにぎり〟の味にも置き換えられる。人が自分のために作ってくれた料理や飲み物は、技量とは別の部分で〝美味しい〟という結果

かもめ食堂の店主“サチエ”に、ふらりと店を訪れた男性“マッティ”がコーヒーを振る舞うシーン。言葉数も少なく、小さく響く抽出音に、静かに耳を澄ませながら視聴するこの場面は、コーヒー好きでなくとも印象に残っているだろう。見方を変えれば“コーヒーハラスメントおじさん”にも映るマッティの素性は、後ほど明らかになってくる。

を生む。作り手の気遣いや真心、自分のために手間暇をかけてくれたという事実は、比類なき隠し味になるということだろう。

コーヒー屋である以上、愛情や情熱という目に見えぬ価値に重きを置くのは好ましくない。

ただ、それらをまったく度外視して「コーヒーの味」だけを追求するのも、本質から外れているような気がする。日々の業務からコーヒーに対して前のめりになっているコーヒー人間こそ、ときには「人に淹れてもらった一杯」を飲む必要があるだろう。

気の知れた友人、家族が選び淹れてくれる、人任せなコーヒー。それは気楽だけれど、芯を食っているような、うまい一杯であるのは間違いない。

11 コーヒーを片手に読みたいおすすめの本

コーヒーの時間といえば、近ごろはスマホの画面を眺めるのがお定まりだが、もともとコーヒーと抜群の相性を持っていたのは、本や新聞などの活字だった。コーヒーと本、あるいは新聞がひとつのフレームに収まっているシーンは、誰もがすぐに思い浮かぶはずだ。

例えば、柔らかな陽が差し込む、ナチュラルテイストのカフェ。窓際の席につく女性は、文庫本のページからふと目を上げて、口元にカフェ・オレを運びながら、窓辺の景色を眺めている。その手に摘まれている、可憐なフルーツが描かれた**リチャードジノリ**は、店主のこだわりなのだろうか。

例えば、コーヒーショップのカウンター席。手狭なテーブルに見開いた、世間で話題のビジネス書の中に、何かしらの天啓を見出そうとするスーツ姿の男性。カウンターの奥に追いやられているマグカップの中の、一口だけ啜られたアメリカーノ（↓p.141）は、すっかり冷めている。

例えば、豪奢でレトロな趣を残す純喫茶。テーブルに置かれた端麗なカップと灰皿

リチャード ジノリ
創業1735年、イタリアで初めて白磁を完成させた陶磁器ブランド。「白」を基調とした「ベッキオジノリホワイト」は、世界中のホテルやレストランなどで活躍。白地をベースに写実的なフルーツや花を描いた「イタリアンフルーツ」は、自宅のコーヒー棚に一脚は欲しくなるような可憐さ。

モカマタリ
イエメンで生産されたアラビカ種のコーヒー。「モカ」はコーヒー豆を輸出していた港町、「マタリ」は産地である「バニーマタル地方」を指す。スパイシーでエキゾチックな風味は、日本の喫茶文化の中でも古くから愛されてきたが、情勢不安や離農問題などで、その希少性は年々高まっている。

の前で、咥え煙草をした爺様がゆるりと新聞をめくる。カップの中のコーヒーは**モカマタリ**、**キリマンジャロ**、あるいはマンデリン（↓p.132）か。

総じて絵になるコーヒーと活字の組み合わせだが、その本質はコーヒーという飲み物が、「情報のインプット」と強い親和性を持つことに起因している。そのような、感覚的に理解している、両者の相性の良さを裏付ける歴史的根拠が、日本と同じ島国であるイギリスの文化背景に存在するので、その歴史をかいつまんで紹介しよう。

イギリスという国は、現代においては自他ともに認める「紅茶の王国」であるのだが、時をさかのぼること十八世紀、首都ロンドンには、数千を超えるコーヒーハウスが建ち並んでいたという。

十六世紀頃より、コーヒーはヨーロッパの地において、その特異な風味で目新しい飲料として活躍の場を増やし、ことイギリスにおいては、約二百年の時を経てそのブームは最盛期を迎える。

その立役者となったのは、一七世紀のトルコよりイギリスに連れてこられた、**パスカ・ロゼ**という人物であった。彼が一六五二年に開いた**コーヒーハウス**をきっかけに、その黒く魅惑的な飲み物は、イギリス中に浸透することになる。

コーヒーハウスと聞くと、ひとえにカフェやコーヒースタンドの様式を連想させら

キリマンジャロ

タンザニア国内で、ロブスタ種の栽培が多いとされる北西部「ブコバ地区」を除いた地域で生産されている、アラビカ種のコーヒー。時に「ワイルド」とも表現される力強く分厚い酸味は、スペシャルティコーヒーが台頭してきた今でも、団塊世代を中心に根強い人気を誇る。

パスカ・ロゼ

ロンドンで初めてコーヒーハウスを開業した人物。トルコの滞在中にコーヒー飲用の習慣が身についたロンドンの商人・ダニエル エドワーズが、召使いの一人として、ロゼをトルコから連れ帰った。そのロゼが、エドワーズ用に抽出していたコーヒーが次第に評判となり、主人の許可を得て店舗を開業した。

れるが、その形態は現代のそれとは一風異なっていたようだ。

一人一人の私的な時間を重んじる空間作りと、それを求める顧客——そんな内向的な相関が現代のカフェだとすると、当時のコーヒーハウスは、真逆とも言えるほどに外向的で、社交場としての側面が強かった。

現代の価値に置き換えると「コーヒー一杯分」に相当する「1ペニー」の入場料を支払って入店するコーヒーハウスは、当時の時代背景から女人禁制であり、専ら男たちの議論の場としてその体を成していた。

そこで論じられる議題は政治や経済をはじめ、商売、芸術、文学など一切合切。店内には看板商品である「コーヒー」に加えて、当時では数少ない情報の源泉である「新聞」が置かれていた。新聞を片手にコーヒーを啜るロンドン市民が、多岐に渡る議題で討論を行う、そんな活気のある先端的な場所だったのだ。1ペニーを支払って情報を収集、交換し、店を出る時にはいっそう賢くなった気がすることから「ペニー大学」とも呼ばれたという。確かに学費としては破格に安い。

もちろん、そんな知的価値を抜きにしても、コーヒーとともに植民地から輸入される「砂糖」と「タバコ」を、思う存分に楽しむことができるコーヒーハウスが、ロンドン中の男たちの憩いの場になっていたことは想像に難くない。

それを裏付けるかのように、一六七四年にはロンドン中の主婦が決起し、「コーヒ

コーヒーハウス
17世紀半ばのイギリスで流行した喫茶店。情報交換の場として大いに栄え、イギリスの政治経済の発展や、新聞や雑誌などジャーナリズムの形成に大きく影響を与えた。世界最古のコーヒーハウスは、現在のトルコ・イスタンブールにあたる位置で、1554年に開業された店舗だと言われている。

芥川の『芋粥』
芥川龍之介の短編小説。名も無き主人公の冴えない役人は、日頃から、職場の同僚や道で遊ぶ子供に馬鹿にされるも、笑って誤魔化すことしかできない、大変情けなく、うだつの上がらない生活を送っていた。そんな彼にも、大好きな芋粥を腹いっぱいに食べるという

ーハウス反対」の請願書をロンドン市長に提出したという。妻の目を気にしつつ、そそくさと登下校するペニー大学の学生たちの姿が目に浮かぶエピソードだ。

そんなカフェや喫茶店の起源ともいえる歴史も踏まえて、「情報のインプット」とコーヒーの親和性というのは、時代をめぐり、現代でも見ることができる。学生にしても社会人にしても「勉強＝インプットの時間」に「コーヒー」が寄り添う見慣れた構図は、その象徴とも言えるだろう。

おしなべて、芸術を含むあらゆる見聞とウマが合うコーヒーだが、とりわけ「本」との相性のよさは冒頭に述べたとおりである。何より、その寄り添う立場が、同じ飲み物でも「酒」では代用が効かないところがいい。

同じくコーヒーとの相性が良いとされる、ジャズを筆頭とする「音楽」の分野では、ともにたしなむ飲料として、アルコールという選択肢が浮上してくる。

実際、齢三十を前にしてジャズをかじり始めた私が、意を決して足を運んだジャズバーでも、聴衆の卓に並ぶのはアルコール（たとえそれがノンアルだったとしても）のグラスばかり。コーヒーもしくは紅茶のカップを撫でている人は皆無だった。そこでの過ごし方を知らぬ私も、右にならえでメニューの一番上にあった、最も手頃なウイスキーをロックで注文したが、これはこれで、大層良い心地ではあった。

夢がある。しかし、とある日にその話を聞きつけた第三者によって、そんな彼の夢であり、唯一の欲望はあらぬ形で霧散させられてしまう。怪我や戦闘などは一切ないのに、残酷やグロテスクといった感想を抱く、風変わりな短編作品である。

獅子文六

昭和初期から中期にかけて活躍した、日本の小説家であり劇作家。『コーヒーと恋愛』をはじめ、半世紀以上も前に執筆された作品がほとんどだが、その設定や構成、読み口に違和感など全くなく、我々のような平成生まれの人間でも、スラスラと読み進めることができる。NHKの連続テレビ小説の第一作である『娘と私』の原作者でもある。

しかし、活字に目を走らせるとなると、中々そうはいかない。しこたまに酒を浴びた夜、無性に**芥川の『芋粥』**が読みたくなった私は、本棚から芥川全集を引っ張り出し、「芋粥」のページを開いたのだが、酩酊がゆえに同じページを繰り返し読み続け、冴えない武士の素性のくだりを行ったり来たりするのみだった。

活字を読むことに対する相性の優劣を、あらゆる飲み物で競わせてみれば、我々が全幅の信頼を置くコーヒーが上位に食い込むのは間違いない。カフェインとその苦味による覚醒作用といった機能面を鑑みると、嗜好品界のライバルである「茶」にも勝るやもしれない。

まるで酒を呑みながら書いたような、壮大かつとっ散らかった前置きとなったが、私にはコーヒーと一緒にたしなむことを勧める「推本（おしほん）」がある。活字であれば大抵がその枠に収まることは説明済みだが、ここはコーヒーを生業とする者。両手ともに香り高くさせるような、コーヒーを醸した本をいくつか紹介しよう。

まず、昭和三十年代に『可否道』の名で新聞連載がなされ、のちに改題された**獅子文六**の恋愛小説**『コーヒーと恋愛』**。人気女優でありながら、生まれながらの名手と呼ばれるほどに、コーヒーを淹れるのが上手い四十三歳の〝モエ子〟と、彼女が養っている八歳下の彼〝ベンちゃん〟との男女関係を巡る物語。そんな、甘酸っぱさとは

コーヒーと恋愛

晩年の獅子文六が、読売新聞にて連載していた『可否道』を改題して文庫化した作品。文字通りコーヒーと恋愛が織りなす物語は、自分が生まれる遥か昔の本とは思えぬほどテンポよく読み進められ、初読の際は、瞬く間に最後まで読み切ってしまった。そんな時代を感じさせない読み口とは裏腹に、巻末に注意書きがされるほどにリアルな、昭和当時の空気や人権感覚が網膜を通して伝わってくる一冊である。

コーヒーに憑かれた男たち

日本のコーヒー史にその名を残す、コーヒーに憑かれた三人の男たちの、生き様と哲学がつづられた一冊。著者である

無縁の〝大人の恋〟を取り巻くのは、〝日本可否会〟に所属するコーヒー愛好家たち。タイトル通り、コーヒーに恋愛に夢中になる人々の様子を描いた本作は、コーヒー好きを自称する者なら外せないだろう。

片や、コーヒー愛好家なら、その名を聞いたことがあるであろう、銀座の名店「カフェ ド ランブル」の関口一郎氏や、〝コーヒーの鬼〟こと、吉祥寺「もか」の標交紀氏。そんな、日本珈琲界における歴史的人物の生き様を綴った、嶋中労氏のドキュメンタリー**『コーヒーに憑つかれた男たち』**は、コーヒーを生業にする人間なら、一度は目を通しておくべき要素に溢れている。

はたまた、コーヒーが登場する五本の短編が収載された、片岡義男氏の**『豆大福と珈琲』**も忘れてはいけない。コーヒー好きなら、思わずニヤリとしてしまう語彙や描写に、クリーンかつ多彩なフレーバーを有する洒脱な五つのストーリー。それは、スペシャルティコーヒーを入口としたコーヒー愛好家にも、すんなり受け入れられるであろう。巻末のエッセイにて、よく言われると著者自身が語った「読んでると珈琲が飲みたくなる」という、まさにコーヒーを傍に置いて読みたい一冊である。

これらは全てコーヒーが主題の本だが、私の最たるおすすめは**『地球の歩き方』**だ。スマホが普及する以前、バックパッカーをはじめとする旅行者が必ず手にしていた、

フリージャーナリストの嶋中労氏は、これまでいくつかのコーヒー本に携わっており、コーヒー愛好家なら、どこかでその名を目にしたことがあるかもしれない。主な著書に、同書にも登場する吉祥寺「もか」の店主、標交紀氏の生涯を辿った『コーヒーの鬼がゆく』がある。

豆大福と珈琲

小説家でありエッセイスト、はたまた写真家に翻訳家と、ジャンルの垣根を超えた多彩な顔を持つ片岡義男氏の著書。本書でも感じられる、小気味の良い独特な語り口は、時に片岡ワールドとも呼ばれファンも多い。コーヒーの知識に加え、東京の土地勘がある人は、いっそう楽しめる一冊である。

海外旅ではお馴染みのガイド本。現在でもスマホの充電がなくなった場合に備えて、外国に行く際は所持しているこのシリーズこそ、自分の目の前にあるコーヒーの風味を、この上なく引き立たせてくれる、私の推本（おしほん）なのだ。

コーヒーという飲み物は、味を起点にしてそこに付随する様々な要素によって値付けが行われる。そのため、とりわけ高い値付けがなされるコーヒーは、「まるで情報を飲んでいるようだ」などと揶揄（やゆ）されることがあるが、私はこの「情報を飲む」という観点は、むしろポジティブに捉えるべきだと考えている。

コーヒーに限らず日々の飲食を楽しむためには、金銭的、身体的、そして精神的な「余裕」が必要だ。「懐（ふところ）の深さ」「キャパシティ」などと言い換えてもいいかもしれない。もちろんそうしたものは、一朝一夕に身につくものではないのだが、特に食べ物や飲み物について情報をインプットすることは、それらをより楽しむための〝懐の深さ〟を、比較的簡単に身につけるための最良の手段ではないだろうか。

そんな手段の獲得のためにおすすめしたいツールが、『地球の歩き方』シリーズというわけだ。

コーヒーの二大品種として**アラビカ種**とロブスタ種（→p.18）がある。様々な形

地球の歩き方

日本で最も発行タイトルが多い海外旅の指南書であり、ネットの使えない地域では、今でも活躍するガイドブック。穴場スポットやおすすめの食事はもちろん、その国の気候や文化、知らずに行うと失礼にあたるNG行動など、頭の片隅に置いておきたい情報が多数盛り込まれている。

アラビカ種

最も重要な栽培種。日本で国名や農園名が表示されている単一のコーヒーは、基本的にアラビカ種である。エチオピアのハラー地方で最初に発見され、イエメンに持ち運ばれて栽培され、そこからインドネシアやオランダを経由して、中南米へと広まっていった。

容で定義されるこの二つの品種だが、特にロブスタ種の説明をする際に、「アラビカ種より風味が劣る」という表現をされる場合がある。それはまだしも、「苦い」や「不味(まず)い」と評する説明には異議を唱えたくなる。「苦い」というのは、深めに焙煎したことにおける後天的な要素であり、浅めに焙煎すれば苦味はほとんどなく、穀物感のある味になるのだが、その特性はなかなか周知されない。

そして「ロブスタは不味い」という教示に対しては、いよいよ『地球の歩き方』にご登場を願おう。この場合は『地球の歩き方 ベトナム』だ。

かねてよりコーヒーの栽培を行なっていたベトナムは、**ドイモイ政策**を足がかりにその取り組みを加速させ、世界二位の生産量を誇るコーヒー大国へと成り上がった。

当地で栽培されている品種の、ほとんどがロブスタ種であるベトナムの『地球の歩き方』をめくると、目次を越えた先に現れるのは、当国の基本情報。ここで「ベトナム社会主義共和国」という正式な国名を一瞥(いちべつ)し、国土面積は日本の約九割ほどであるという情報欄を流し見る。日本との時差は二時間であると記され、気候を紹介するページでは、コーヒーの主要生産地であるベトナム中部の、十月だけが突出している降水量グラフに目を引かれるだろう。

改めて目次に目を走らせると、ベトナム国内の主要生産地である**ダラット**のコーヒー農園がテーマとなった、コラムのページが記されているではないか。

それにとどまらず、コーヒーの消費国としても発展を続けるベトナムの最新カフェ情報なんて記事も並んでおり、ペラペラ読み進めると、鮮やかにページを彩るのは色とりどりの現地飯。息つく間も無く、ロブスタ種を世界一生産する国の魅力が続々と飛び込んでくる。

これらを読み終える頃には、ベトナムという国に興味と親近感を抱き、もっと知りたい、調べたいという欲が出てくる。スマホでマップを立ち上げてベトナムの農園地域を旅するもよし、コーヒー産業に関する文献を探してみるのもいいだろう。

ここまでくれば、ロブスタ種を「不味い」の一言で一蹴（いっしゅう）することは、自身の知識が許さない。こうして得た知識に加え、その国に対して思いを馳（は）せることができるほどの、精神的な土壌を耕し、踏み均（なら）してくれるのが「地球の歩き方」なのである。

「地球の歩き方」シリーズは、コスパの高さも見逃せない。

先に紹介したベトナムやインドネシアは単一国での掲載になるが、それ以外のコーヒー生産国は、複数の国が一冊に集結している場合が多くなる。

私が愛してやまない南米のコロンビアは、ペルー、ボリビア、エクアドルを合わせた四カ国が一冊に、同様にコーヒー生産が盛んな中米は、グアテマラ、コスタリカ、ベリーズ、エルサルバドル、ホンジュラス、ニカラグア、パナマを合わせた七カ国が一冊にまとまっている。

極めつけは「地球の歩き方 東アフリカ」だ。コーヒー発祥の地であるエチオピアをはじめ、ウガンダ、ケニア、タンザニア、ルワンダの計五カ国がセットにされた、まさに〝コーヒー好き専用〟ともいうべき構成になっている。

ドイモイ政策

1986年のベトナムで採用された経済政策。「ドイモイ」はベトナム語で「刷新」。経済成長を促すための政策で、食料の増産、輸出の奨励、外資系企業への規制緩和など多岐にわたる。その中の「市場経済システムの導入」によって、ベトナムのコーヒー生産量は爆発的に増えた。

ダラット

フランス植民地時代にリゾート地として開発された、ベトナム南部の都市。年間を通して気候が涼しく、ロブスタ種の生産量世界一位を誇るベトナムにおいて、数少ない「ベトナム産アラビカ種」の生産地としても知られており、観光客向けのコーヒー農園ツアーも多い。

海外へ渡航する際、その行き道の機内でめくる『地球の歩き方』は、未見の世界に対する、無類の期待とたかぶりを授けてくれる。それは子供の頃、親にゲームボーイのカセットを買ってもらった帰り道に、車の後部座席でじっと静かに、そのゲームに付属している説明書を、一心不乱に齧り付くように読んでいた時の、何とも言えない懐かしい高揚感を思い出させる。

この南米編、中米編、東アフリカ編の三冊が傍にあるだけで、コーヒーの各銘柄の味わいは、これまでとは全く違うものになってくるはずだ。

「情報のインプットを手助けするためのコーヒー」あるいは「コーヒーの味わいを深めるための情報インプット」。どちらが「主」でどちらが「従」かはケースバイケース。

いずれにしろ、コーヒーを片手に本を読むのは、至福の時間であることは間違いない。また、本を片手に味わうコーヒーも、きっと滋味深いものになるはずだ。

さて、今日のあなたの〝ペニー大学〟は、どこだろう。

12 コーヒーの競技会って、どんな世界？

嗜好品がゆえ、「目の前の一杯の価値」が、飲む人それぞれの判断に委ねられるのがコーヒーではあるが、一方で、その技術や味を数字で評価し、明確に優劣をつける競技会（コンペティション）という世界もある。

競技のカテゴリーは、コーヒーの種類や使用する器具、豆などによって多岐に渡る。同カテゴリーの競技でも、主催する団体ごとに国内外に数多くの大会、部門が存在し、それぞれのレギュレーションの中でコンペが行われ、毎年優勝者が誕生している。

コンビニのカウンターコーヒーやボトル缶コーヒー、ハンバーガーチェーンのコーヒーなど、様々な場所で提供されるコーヒーに、「世界一のバリスタ監修」や「世界チャンピオン監修」などの文字を目にすることも多くなった。

そんな競技熱の高まりを見せるコーヒーの大会の世界にも、何となく「ステイタス」や「格式」のようなものが存在する。例に出せるほどその分野に明るい訳ではないが、「**将棋界のタイトル**」が、何となくそれに近いのではと勝手に思っている。

将棋界のタイトル

約一年をかけてトーナメントやリーグ戦を行い挑戦者を決定するのが「竜王」「名人」「王位」「王座」「棋王」「王将」「棋聖」「叡王」の八大タイトル。最も賞金額が高い「竜王位」と、最も歴史の長い「名人位」が横並びで頂点に立っている（らしい）。

龍と苺

週刊少年サンデーにて、2020年から連載されている将棋漫画。女子中学生である主人公が、女性のプロ棋士が一人もいない将棋界に大胆不敵に挑んでいく物語。文字通り、手に汗を握るように読み進めていると、突如、奇想天外な展開に発展し、令和一驚いた。連載は現在も続いている。

現在八つある将棋のタイトルには、その契約金や格式によって序列が存在すると聞く。その中で二大巨頭となっているのが「竜王」と「名人」だというのは、週刊サンデー連載のマンガ「**龍と苺**」で修めた。

これをコーヒー界のタイトルに当てはめると、日本スペシャルティコーヒー協会（**SCAJ**）が主催する「**ジャパン バリスタチャンピオンシップ（JBC）**」と「**ジャパン ブリュワーズカップ（JBrC）**」という二つの競技会が、その権威性を含めた序列の最上位に位置するのではないかと個人的には思っている。

昨今はコーヒーをサーブする人たちの総称ともなっている「バリスタ」という名詞だが、本来はエスプレッソ文化のあるイタリアの**バール**に立つ人たちを指した言葉で

SCAJ（団体）

1987年発足の全日本グルメコーヒー協会を前身に、2003年に設立された一般社団法人日本スペシャルティコーヒー協会の略称。スペシャルティコーヒーの普及を目的とする団体で、関連セミナーや同名の展示会を主催。SCAK（韓国）やSCAI（インドネシア）など、各国に団体が存在する。

From WAKO COFFEE Channel.

【全国○位!】世界大会もあるコーヒー競技「カップテイスターズ」の簡単解説!

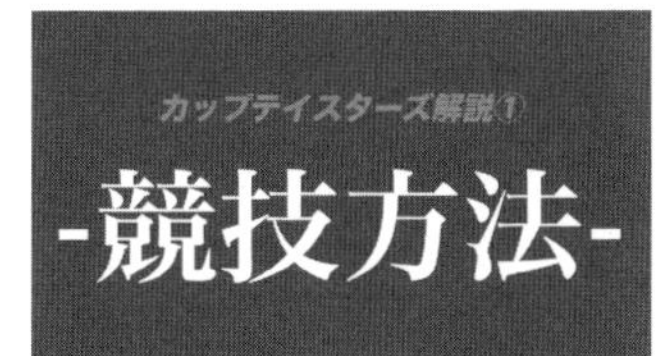

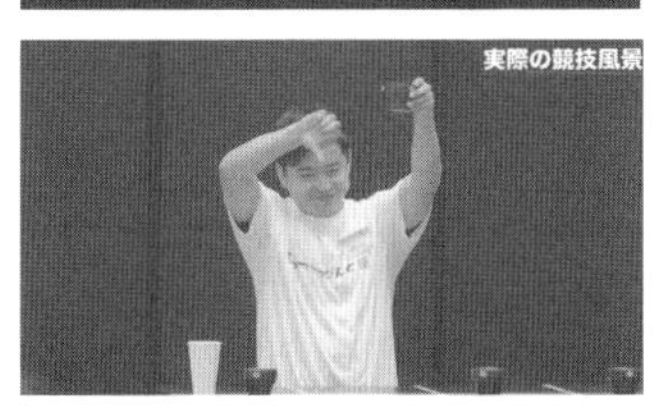

JCTCの競技方法の解説と、実際に全国大会に出場した様子を収めた動画。2022年の全国三位、Layers coffeeのコータロー氏と競技中の空気感や現場での立ち回り方を紹介。毎年6-7月頃に競技者の募集があるので興味がある人は参考にしてほしい。

https://x.gd/UuRXX

ある。それを冠した「ジャパン バリスタチャンピオンシップ」は、美味いエスプレッソを抽出し、お客にサーブするまでの手際やプレゼンテーションを審査し、優劣をつける競技である。

一方の「ジャパン ブリュワーズカップ」は、その名の通り、**ブリュー（抽出）**の腕を競う大会。使用する器具は自由で、とにかく美味い一杯を淹れて、それに伴ったプレゼンテーションをした者が勝ちという〝コーヒー無差別級〟の競技である。

「ジャパン バリスタチャンピオンシップ」と「ジャパン ブリュワーズカップ」は日本国内の大会になるが、それぞれの優勝者はその年もしくは翌年に開催される世界大会へと進み、「ワールドバリスタチャンピオンシップ（WBC）」「ワールドブリュワーズカップ（WBrC）」へと進む。コーヒーのプレゼンテーションで使われるのは、もちろん英語だ。世界各国を代表するコーヒーアスリートたちがハイレベルな技を繰り出す大会となっている。

この二大会のほかにも、焙煎技術を競う競技や味覚の練度を競う競技、エアロプレスやイブリックといった抽出器具を主役とする競技など、様々な大会が存在するが、こと日本においては、**ハンドドリップ**の大会がその参加者数を含め人気である。

最も著名なのは、日本スペシャルティコーヒー協会が主催する「**ジャパンハンドドリップチャンピオンシップ（JHDC）**」。こちらは先述のバリスタチャンピオンシ

JBC

カフェに立つバリスタとしてのスキルを競う大会。エスプレッソの味はもちろん、それを提供するまでの所作やスピードに正確性、衛生面への配慮など、バリスタとしての総合力を競い合う。カプチーノやシグネチャービバレッジ（創作ドリンク）でも審査が行われ、優勝者は世界大会（WBC）へと進出する。

JBrC

使用する豆と抽出器具は基本的に自由。予選は指定豆があるが、準決勝と決勝は出場者自らコーヒー豆を用意する。「自由に、とにかく美味い一杯を淹れる」という競技であり、審査員への味の説明も評価項目になる。優勝者は世界大会（WBrC）に出場する。

ップやブリュワーズカップのような世界大会はなく、国内大会が終着点となる。ハンドドリップは日本の家庭で最もポピュラーなコーヒーの淹れ方ということもあり、コーヒー店や関連企業が各地で大会を開催している。大会の参加人数、開催数で言えば、おそらく最も人気のコーヒー競技である。

開催される大会の数で言えばラテアートの存在も見逃せない。

少し大きめのカップにエスプレッソを落とし、スチームしたフォームドミルク（↓p.22）で多種多様な絵を描くラテアート。素人目にもその技術の差異は明瞭であり、基本的な評価項目に、「味」という最も官能的な要素が含まれないため、他の競技に比べ審査基準が明確で競技化がされやすい。

世界大会が存在することはもちろん、コーヒー屋主催の大会もしばしば開催される中で、私が驚かされたのは、ライブハウスを貸し切って行う大会の話。ターンテーブルを中心に、両サイドにエスプレッソマシンを一台ずつ据え、音楽をガンガンにかけながらマイクを握ったMCが進行を務める、トーナメント形式のバトルもあるそうだ。

参加者の話を聞いた時に、おおよそ同業界とは思えぬほどの、パーリーピーポーな世界観に激しく面食らったが、催しとしては非常に興味深い。コーヒーという飲料の幅として、どのような軌跡でそこに至ったのか、取材すらしてみたい。

バール（バル）
エスプレッソを飲んだり、昼食をとったりできるイタリア式の喫茶店のような場所。コーヒーのほかにタバコや切符、アイスや菓子類を売るなど、店ごとに多様な業務形態があり、イタリアでは自宅や職場から隔離された、第三の居場所〝サードプレイス〟として人気。

ブリュー（抽出）
コーヒーの粉から湯や水に成分を引き出すこと。粉の上から下へ湯（水）を通す透過法（ペーパードリップ、ネルドリップなど）と、粉を湯（水）に漬け込む浸漬法（フレンチプレス、カッピングなど）に大別される。そのほかサイフォンやエスプレッソなど、専用の器具を用いる抽出もある。

そんな数多(あまた)あるコーヒー競技には、反対派というべきか、そもそも論の否定派も一定数存在する。もとより嗜好品であり、多くの飲用者が安らぎやリラックスの要素を求めているコーヒーに、勝ち負けや優劣をつけるべきではないという主張だ。

もちろん言いたいことは分かる。が、判断基準が曖昧(あいまい)、難解であるからこそ、何らかの指標がつけられるというのは「是(ぜ)」とすべきであるとも思える。

それでなくとも、競技をはじめとする勝ち負けの場では、技術の革新が目覚ましい。各競技会への参加者も増え、以前にも増してしのぎを削る場になってきているため、競技用として調達されるコーヒーや抽出器具などは、業界に身を置くものでも追いきれない速さで多様化し、進化し続けている。それは歴史に身を任せているだけでは獲得しえない価値であり、ある意味「業界の発展」に寄与しているとも言える。

ただ、そんな小難しいことを考えずとも、単純に勝負事が好きな人間にとっては、ただひたすらに「楽しい」と思えるのが、コーヒーの競技の魅力である。

最後に、とあるコーヒー競技を紹介しよう。ここまで知ったような御託(ごたく)を並べてきたが、私自身、参戦経験のある大会はこれ一種、SCAJ主催の「**ジャパン カップテイスターズ チャンピオンシップ（JCTC）**」。コーヒーの味覚を競う種目である。

目の前のテーブルにコーヒーが入った三つのカップが置かれる。うち二つは同じコ

ハンドドリップ

コーヒー粉にお湯を注ぎ、紙や布製のフィルターで漉しながら抽出する、日本で一般的なコーヒーの淹れ方。他の抽出方法と比べても、群を抜いて関連器具のバリエーションが多い。特にドリッパーは、コーヒーにハマると、いつの間にか家の中に増えがち。

JHDC

2012年に誕生した国内大会。予選、決勝ともに選手全員が同じ豆を使い、ハンドドリップの腕を競う。基本的にはブラインド（目隠し）でのセンサリー（味）審査を行い、決勝はプレゼンテーションを伴った審査となるため、自身が淹れたコーヒーを「伝える力」も試される。

ーヒー、一つは違うコーヒーが入っている。

競技者はそれぞれのカップの中のコーヒーを味見して、三つの中から味が違うカップを選び、テーブルの前に突き出す。味が違う「仲間外れ」のカップの底には、それを示す印がついているが、当然、味見している最中はその印は見えない。

この仲間外れを当てる作業を八セット行い、八つのカップを全て突き出したところで競技は終了。あとは、各競技者が順々にカップの底を見ながら正誤を確認。正答数と解答までのタイムの短さで順位を競う。

参加者はカッピングスプーンと呼ばれる、コーヒーを味見するための専用のスプーンを持ち、三カップ×八セット、計二十四種のコーヒーを飲み分けていく。数あるコーヒーの大会の中でも、これといった準備物がなく、比較的参加がしやすいため出場人数も多い。

私が参加した二〇二三年には、合計一九二名の競技者がエントリー。関東と関西で予選を行い、それぞれ八名ずつ、計一六名が準決勝に進出。さらにそこから絞られた四名で決勝を行い、チャンピオンを決めるといった規模感であった。

私も予選を突破し、準決勝までは進出できたが、これといった見どころも生まずにそこで敗退した。そんな中で興味を引かれたのは、準決勝進出者の内訳である。なんと準決勝に進出した一六名中、四名はコーヒー業者ではない、一般のコーヒー

JCTC

コーヒーの味覚を競う大会。目の前にある三つのカップからほかの二つと味が違うカップを探し、その正答数とタイムの早さを競う。優勝者はWCTCという世界大会に進出する。プロ、素人の区別なく〝スプーン一本で世界に行ける〟最上級の利きコーヒー選手権である。

SCAJ（見本市）

SCAJ主催の日本最大規模のコーヒーの展示会。例年「コーヒーの日」と近い秋口に開催され、主に企業同士の商談やセミナー、各種競技会の準決勝、決勝が行われる。コロナ禍以降のコーヒーブームにより、2022年からは、来場者も展示内容もBtoCの色合いが強くなっている。

ファンだった。他のコーヒー競技でも、趣味としてコーヒーをたしなんでいる人が上位層に食い込むということはなくはないが、四分の一の割合というのは極めて高い。

確かに、こと味覚においては、消費者の方が様々なコーヒーに触れている可能性は高いのかもしれない。そういう意味でこのJCTCは、より幅広いコーヒー好きが楽しめる競技と言えるだろう。

さらに、この競技には、WCTCという世界大会が存在する。

競技期間中にしばしば耳にする「スプーン一本で世界に」というキャッチフレーズには、正直、多少の気恥ずかしさを感じるものの、あながち大袈裟(おおげさ)でもなく、コーヒー好きにとってはロマンのある話でもある。

「コーヒーの大会に参加してみたら?」などと上から目線でいうつもりはない。ただ、あくまでもコーヒーという飲料の「幅」として、こういった類の競技が存在し、知らぬ間に日々のコーヒーライフの豊かさに寄与している事実を知っていただくのも悪くないだろう。その先には、自身が競技者として舞台に立つ可能性も少なからずあるのだ。

毎年の秋、例年であれば9月末から10月上旬あたり、東京ビックサイトでは**SCAJ**というアジア最大のコーヒーの国際見本市が開催される。

そこでは本稿で紹介したものを含む、コーヒーに関するいくつかの競技会が、目の前で見られる状態で行われている。コーヒーの楽しみの幅を広げる意味でも、一度、足を運んでみてはいかがだろう。

第3章

コーヒーともっと旅する

13

グァテマラの古都、初めてのコーヒー農園訪問

石畳が敷かれた**アンティグア**の路面は、その風情あふれる街並みと結託して、街ゆく旅行者の目と、それに浮き足だった足の関節を見事に奪っていく。

スペイン語留学のため、彼の地を訪れた私のグァテマラ初訪問は、石畳を踏み外した右足首の捻挫から幕を開けた。

コーヒーの産地としても名高いグァテマラのアンティグア市は、約五百年前まで、同国の首都として機能していた過去を持ち、その市街にはスペイン植民地時代の名残りが、街並みや食文化に色濃く残っている。

街には教会をはじめとしたバロック様式の建築物が建ち並び、現在では、その市街全体がユネスコの世界遺産に登録されているような、中米屈指の歴史ある古都である。

街のシンボルである**サンタ・カタリーナの黄色い時計台**は、同市の特色である石畳の道路と、市街を見下ろすようにそびえ立つ、標高三七六〇メートルのアグア山が同じ画角に収まる、観光客にも人気のフォトスポットだ。

インターネット上に無数に掲載されている同所の写真でも、わずかにその質感が確

アンティグア市

かつてグァテマラの総督領が置かれ、約230年に渡り首都として機能していた古都。美麗な街並みは世界遺産にも登録されている。また、スペイン語留学の聖地としても有名で、市内には無数の語学学校が立ち並ぶ。その中には、俳優の片桐はいりさんの実弟が経営する学校もある。

サンタ・カタリーナの黄色い時計台

サンタ・カタリーナ修道院の時計台。元は修道女が道路向かいにある学校へ通う際、一般の人々と接触しないように建設されたアーチであり、シンボルの時計が設置されたのは建造から200年後。晴れている日は、絵画やアクセサリーを売る露天商が立ち並ぶ。

それぞれが小国ながら、良質なコーヒー産地が密集する中央アメリカ。グァテマラはその最北端に位置する。ブラジルやコロンビアなどを含む中南米という括りでは、隣国ホンジュラスに次ぐ四番目のコーヒー生産量を誇る。グァテマラ産のコーヒーは、コモディティからスペシャルティまで、あらゆるランクの豆が世界で流通している。また、中米では珍しくロブスタ種の栽培も行うなど、コーヒー産地としての幅が広い。

認できるように、市街全域に敷かれている石畳は思いのほか凹凸が目立ち、車でその上を走ろうものなら軽いアトラクション体験になるほどだ。

アンティグアに足を踏み入れた月曜の朝。事前に予約していた語学学校を訪ねる道中にて、目を惹かれる街並みに自然と視線が上がり、意識から外れた足元を慣れぬ石畳で捻った右足は、週末を迎える頃にようやく本調子を取り戻していた。連日、足を引きずりながら徘徊していた街の様相が、この日は風光明媚な世界遺産として一段と鮮やかに見える。

授業のない、アンティグアでの初の休日に、私は一週間分のTシャツと下着が入った、ニコちゃんマークが描かれた薄手のビニール袋を揺らしながら、街のラバンデリア（洗濯屋）へ向かっていた。

市内に四、五十校もの語学学校が軒を連ねるアンテイグアは、若者を中心に世界中の人々が詰めかける、スペイン語留学の聖地として知られている。

グァテマラ、ことアンティグアのスペイン語は比較的訛り(なま)も少なく、会話の速度もすこぶる穏やか。ひいては、ホームステイ代まで含まれた語学校の学費が、きわめて手頃であることが、同地をスペイン語留学の聖地たらしめているゆえんである。

月曜から金曜まで一日四時間のレッスンに、朝晩一日二食の食事と寝床が提供されるホームステイ代を合計して、日本円で一ヶ月約八万円。無論、授業形態やステイ先によって、この金額は多少増減するが、語学留学の平均費用としては格安といえるだろう。

平日は午前八時から十二時まで授業を受けるのが一般的であり、二時間の昼休憩を挟み、午後の授業を十四時から十六時まで受講する、一日六時間レッスンという選択もできる。

漠然と日本に住んでいれば、ただただ家賃と光熱費に消えていくような金額で、このような異国でのインプットができるのは、極めてお得だと言える。

授業のない午後と土日は、各々にダンスの練習をしたり、世界遺産の街並みを観光したりするのが、アンティグアの留学生のポピュラーな過ごし方である。

標高一五〇〇メートルに位置するアンティグアの気候は、年間を通じて快適であり、早朝と夜を除けば基本的にTシャツ一枚で過ごすことができる。

そのため日々の洗濯物も少なく、ステイ先で「ピラ」と呼ばれる洗濯台を拝借して、着用した衣服を手洗いする留学生も多い。

その例にならい、一週間の滞在で溜まった衣類を手洗いしようとピラに向かうと、隣室に泊まっているアルメニア人のカップルが、二人して洗濯台に向かい、すこぶる忙しそうにしている後ろ姿が見えた。

彼らの背中に「¡Ｈｏｌａ(オラ)!(こんにちは!)」と

1サンタ・カタリーナの時計台。近くには大きな土産屋や、世界遺産のメルセー教会が位置するなど、アンティグア市内のザ・観光地。時計台周辺の通りは、日が落ちる手前からライトアップが始まり、昼の様相とはまた違って幻想的な雰囲気となる。 2アンティグアを見守るようにそびえ立つアグア火山。標高は富士山とほぼ同じ3760メートルで、街のどこにいても眺めることができる。心なしか形も富士山と似ている。

声をかけると、二人は振り返り「¡Hola!」と言って、すぐにその視線を洗濯台に戻した。

にこやかな表情に反した、素っ気のない対応に少しのギャップを感じていると、二人の横にそびえ立つ、アグア火山ばりの衣類の峰がその姿をのぞかせた。

この二人、見えぬところでオシャレを楽しんでいたのか、はたまた洗濯をサボっていたのか。私は何事もなかったように自室へと踵を返した。

あの様子では、当分ピラは使えないだろう。女性がいるため、隣で洗濯させてくれと言うのも不躾なお願いである。かといって、初めての休みを自室のベッドの上で、ダラダラと消費するのはもったいない。

さすれば、時は金なり。街のラバンデリアに洗濯物を持ち込んでみようではないか。入校してからの一週間、スペイン語での簡単な自己紹介に始まり、昨日はアンティグアで過ごすうえで役に立つ、商店ならびに施設の名前と場所を学校で教わっていた。

市内で最も大きいスーパーにおすすめのパン屋、有名な教会、いざという時の病院に、近づかないことを推奨する治安の悪い場所……。

さまざまな場所を紹介された中で、旅行者がよく利用するラバンデリアの存在も知り、いつか利用するだろうと、ステイ先から最も近い店を、小さく折りたたんだ紙の地図にメモしていたのだ。

街のラバンデリアは、持ち込んだ衣類の重さで値段が変わり、おおよそ一週間分の量で、大体二〇から四〇ケツァールだと聞いた。

現在の日本円で約四〇〇～八〇〇円ほど。旅費を切り詰めるバックパッカーだと、ちょうど削りたくなるような項目だが、いちいち手洗いをして、ステイ先の家族と隣室のカップルに気遣いながら衣服を干す手間を考えると、むしろ安く思える。

初の休日がゆえ、午前中から街に繰り出したい衝動を胸に、私はベットの上に散らばっていた衣服をかき集め、いつの間にかカバンに紛れ込んでいた、青いニコちゃんマークがあしらわれた薄手のビニール袋に、それらを放り込み、そそくさと家を飛び出した。

　右足も調子を取り戻し、手に持ったビニール袋を前後に揺らしながら石畳を踏む。時刻は正午の一時間前。昼時に向けて、次第に活気付き始める街並みを横目に、私は最寄りのラバンデリアを目指した。

　目的の場所は、毎日の通学路の一本となりの路地にあった。アンティグアにあるほとんどの店にいえるのだが、それぞれ目立った看板や業態の文言を掲げている店舗が少ない。パン屋やカフェをはじめ、外の小窓からそろりと中を覗いて初めて何の店かを知る。

　到着したラバンデリアも例に漏れず、民家に見える家の軒先に〝QUICK WASH〟と書かれた目立たぬ看板が一枚、扉の上に貼っ付けられているだけだった。

　早速、店内に入って軽い挨拶を交わし、右手に持ったビニール袋を店主らしき女性に差し出す。

　彼女はそれを、我々を隔てるカウンターに置かれた量りに乗せ、名刺ほどの紙に何かを走り書きし、こちらに手渡してきた。

　それには六桁の番号に〝30Q〟という数字、そして受け取り時間が書かれている。おそらくこの六桁の数字が整理番号であり、代金が三〇ケツァール（約六〇〇円）ということだろう。

　先に聞いていた金額と近しかったので、半分は勘に頼り、五〇ケツァール紙幣を支払った。すると二〇ケツァールが返ってきた。初めての洗濯依頼を達成したことに、ひとまず胸を撫で下ろす。

「今日の一六時以降か、明日取りに来てね」

　彼女はそう言って、手書きの予約表と青字のボールペンをこちらに手渡す。

「ここに名前を書いて」

私は大人しく、指示された箇所にサインをする。

それを見届けると、彼女は「じゃあね」と、私の洗濯物が入ったビニール袋を片手に持ち、カウンターの奥にある部屋へと消えていった。

帰って良いのだろうか。出口まで二メートルもない距離で、後ろを二度三度振り返りながら、私はそのラバンデリアを出た。別に明日受け取りに来ても良いのだが、どうせなら十六時ごろまで、外で時間を潰してみよう。

ラバンデリアを後にし、最寄りの公園のベンチに移動し、現地の売店で購入した〝金(きん)マル〟に火をつけた。

普段はキャメルを愛煙しているのだが、通学路にある売店のラインナップには見知ったタバコがほとんどなく、唯一知っていた銘柄が金色のマルボロのみだったため、仕方なくといったところだ。

しかし、帰国後、日本で金マルを吸うたびに、それが鮮明にアンティグアの公園を思い出してしまうようになるのは、このあとの経験が大きく影響している。

不慣れな風味に、灰が細かく落ちる金マルに、多少のぎこちなさを覚えながら煙を吹かしていると、とあるアイデアがふと脳裏に浮かんだ。

ウエウエテナンゴ、アカテナンゴ

グァテマラのメジャーなコーヒー産地。この周辺に多い「〇〇テナンゴ」は、地元先住民の言葉で「テナンゴ：〜があるところ／集まる場所」という意味であり、それが転じて「〜の街／大地」とも意訳される。

アゾテア、レタナ

アンティグア市にあるコーヒー農園。ここで収穫されたコーヒー豆は日本にも流通しており、比較的よく目にすることができる。アゾテア（現地では「アソテア」）農園には、観光客向けの小さな博物館が隣接しており、コーヒー栽培に使用する道具などが展示されている。

ACADEMIA DE ESPAÑOL ANTIGÜEÑA

PROVIDING EXCEPTIONAL SPANISH EDUCATION SINCE 1985
AUTHORIZED BY INGUAT & MINISTRY OF EDUCATION
1A. CALLE PONIENTE # 10 ANTIGUA GUATEMALA C.A.
TEL (502) 57354638 mail@spanishacademyantiguena.com
www.spanishacademyantiguena.com

OTORGA EL PRESENTE DIPLOMA

A

SHUN OGIHARA

Por haber participado en el curso del Idioma Español como segunda lengua para extranjeros en una clase individual un profesor con un estudiante durante un periodo de 3 semanas de 6 horas cada día y 1 semana de 4 horas cada día. De acuerdo con las evaluaciones realizadas satisfactoriamente durante el curso, la dirección de esta academia clasifica al estudiante en un nivel:

PRINCIPIANTE ALTO

Dado en la ciudad de la Antigua Guatemala, 19 de Septiembre del año 2016.

Julio García
Director y Propietario

Sello Avalado por el Ministerio de Educación

Antigüeña
Spanish Academy
Since 1985

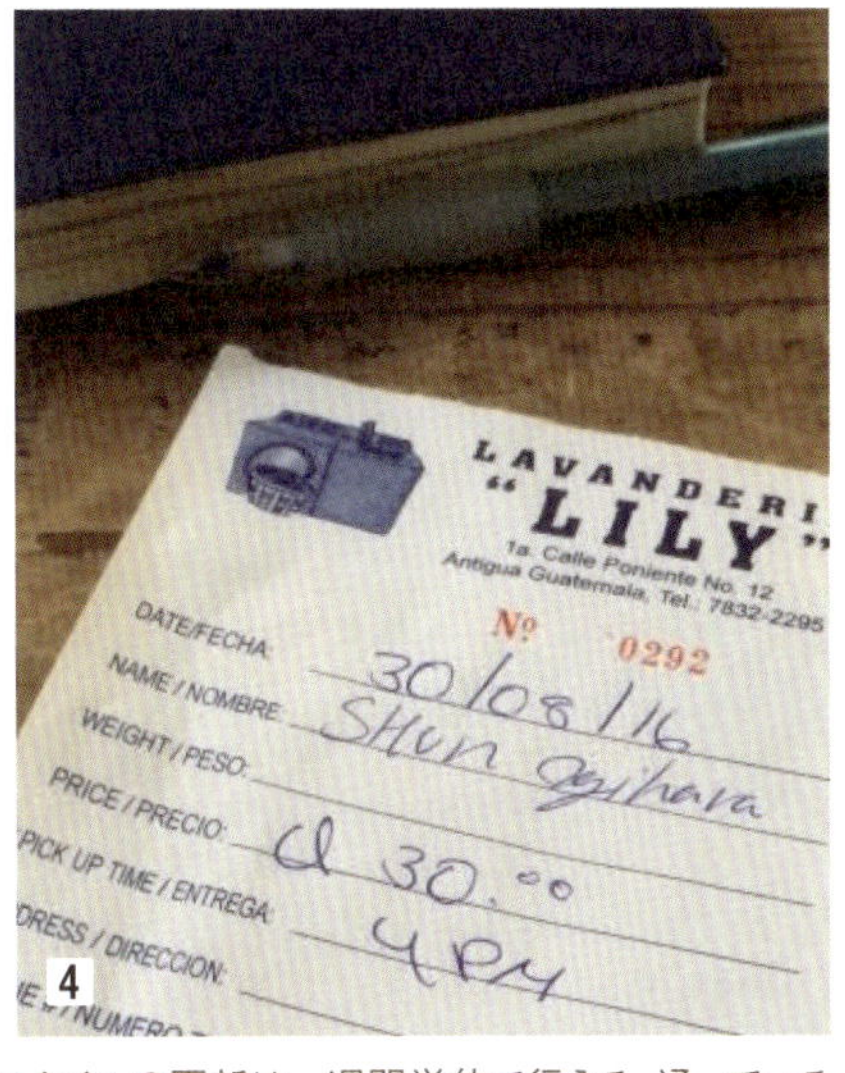

1スペイン語学校を発つ際にもらった修了証。授業スタイルの更新は一週間単位で行える。通っている学校や先生が合わないと感じたら、すぐに転校し、別の語学学校に通うこともできる。　2ラバンデリアの入り口。洗濯屋だけでなく、パン屋や床屋も、表に看板を掲げている店は少ない。そのため、目当ての店を見つける際には、先生や友達に教えてもらうか、街の壁に書かれた英語やスペイン語を、くまなく見ていく必要がある。　3旅の途中のどこかで入手したビニール袋に収めた一週間分の洗濯物。ニコちゃんマークの下に「REGRESE PRONTO!!!（すぐに戻って!!!）」という謎のメッセージが書かれている。　4洗濯物と引き換えに渡された、手書きの予約表。金額と引き取り時間が記載してあり、その料金は洗濯物の重さによって変動する。また、グァテマラの通貨単位は「ケツァール」であり、「Q」と表記される。

——コーヒー農園に行ってみるか

日本でも古くから親しまれるグァテマラ産のコーヒーは、その産地が、標高の高い山岳地帯が集まるグァテマラ南部に分布している。

有名どころでは**ウエウエテナンゴ**や**アカテナンゴ**などがあり、何を隠そう、そこに名を連ねるのが今いるアンティグアである。日本にもそれらの銘柄は届いており、**アゾテア**や**レタナ**といった農園のものが日本国内でも親しまれている。

アンティグアには、市内の中心地から徒歩圏内に、いくつかの農園が点在しており、その中には、世界でも数少ないコーヒーの観光農園を運営している場所がある。腰掛けているベンチのある公園を起点に調べると、「フィラデルフィア」という農園が、徒歩二十分の位置にあることが分かった。

この農園は比較的観光の分野に力を入れており、三千円ほどを支払って参加する農園ツアーが、毎日定期的に開催しているとの情報もある。

道に迷うことも考慮し、行き帰りに一時間ほど掛かるとして、農園ツアー自体も何となしに一時間ほどだろうか。そして市内に戻ってきたら、散歩がてら教会を巡りつつ、カフェにでも寄ろう。

ラバンデリアの待ち時間に組み立てた休日の過ごし方は、万全の体調で異国の地を歩き回りたいという欲を満たし、将来コーヒー業界で働くことを目標とする者の願望も叶える一挙両得なものとなった。

一段とギャップのキツい石畳を踏みながら、街の外れへ向かってきっかり二十分歩くと、「ＦＩＮＣＡ（フィンカ）　ＦＩＬＡＤＥＬＦＩＡ（フィラデルフィア）」と名が入った木造の看板が見え、その奥に、高速道路の料金所のような、農園の敷地と市街地を区切る大きな門が現れた。

標高の高さも相まって細かく息を切らしながら、じんわりと汗ばんだ額を拭い、歩みを進める。

1フィラデルフィア農園の正門。警備員が常駐しており、ここで身分証を確認される。市内からここまで徒歩で約20分ほどだが、この門をくぐってからも、農園まではそこそこの距離がある。その道中には、ホテルやレストランの方向を示す看板もあり、観光農園としての規模のデカさを感じさせる。 2農園ツアー中の一景。写真右の緑がコーヒーノキの苗であり、真ん中に茂っているのが生育1〜2年目の苗木。それらの間に生える、上背の高い木々がシェードツリーで、コーヒーの幼子たちへ日傘の役割を果たしている。

すると、門の端に隣接していた警備室から守衛が現れ、気だるそうにスペイン語で話しかけてきた。しかし、一週間の語学力では彼の言っていることは到底理解できない。スマホを取り出して、翻訳ツールを手当たり次第に動かしてみた。

「顔写真入りの身分証がなければ、ここは通れない」

パスポートと本財布はステイ先の金庫に寝かしてある。手元にあるのは数千円分の現金が入った、ダミー財布と携帯のみだ。ダメもとでスマホに挟んでいた、大学近くのスポーツセンターの身分証を出してみたものの、絵に描いたような門前払いを受けた。

そもそもが洗濯の待ち時間に思いついたプランだ。いつにも増して心の余裕を獲得していた私は、そこで交渉に粘ることもなく、大人しく来た道を戻った。

一度ステイ先に戻って金庫からパスポートを取り出し、肩から下げたポシェットの奥底に詰め込む。

特段この往復の四十分に煩わしさを感じることはなく、軽い足取りで再び農園の警備室を訪れた。

先ほどと同じ警備員にパスポートを手渡すと、何も言わず、握った拳から一本立たせた親指で奥に続く道を指差した。

門をくぐると、両脇に草木を生い茂らせた横幅の広い、車が三台は通れそうな石畳の路面が、先の見えぬほどに続いていた。

警備室を後にし、時間にして十分ほどだろうか。途中、観光客を乗せた小型のバスとすれ違いながら、ゴツゴツとした石畳をひたすらに進むと、ようやく、目当てのフィラデルフィア農園がその姿を表した。

その風貌はイメージするコーヒー農園とは違い、いくつか建ち並ぶ建物の前に、四つ足のテントとその横で花を売る荷車が停まっている。他には、料理の写真が掲載された看板も立て掛けられており、どれかの建物はレストランなのだろう。

フィラデルフィア農園にあるパティオ。元は「中庭／裏庭」という意味で、ここではコーヒー豆の天日乾燥場を指す。語源はスペイン語であるが、中国やインドネシアなど、アジア圏の農園でもそう呼ばれていた。

それらを横目に奥へ進み、一段一段が高い階段を、大きく膝を曲げながら上る。すると窓の開放された小屋が現れ、どうやらそれが、コーヒー農園ツアーの受付場所であることが分かった。

受付の小窓の横に、各ツアーの料金表が貼ってある。最も安価なもので二〇ドルほどだろうか。

拙いスペイン語で、メニューの一番上にあるツアーに参加したいと伝えると、ツアー時の言語はどうしますか？　と問われた。どうやら同じツアーでも時間帯によって、説明に使用される言葉が、英語もしくはスペイン語で分かれているそうだ。

差し当たり、英語も話せず、目下スペイン語も勉強中の私にとって、どちらの言語でもとりわけアドバンテージがあるわけでもない。直近で遂行されるのがスペイン語を用いたツアーとのことだったので、深くも考えず、それに申し込んだ。

受付の近くにはちょっとしたレストランがあり、

七、八人の観光客がその軒先に置かれたベンチでコーヒーを飲んでいた。レストランのほかに、小さな土産屋がある受付周りは、六甲山にある高山植物園のような雰囲気である。

そんなことを思いながらブラブラしてると、ツアーの参加者を集める、黒いキャップに白シャツを纏（まと）い、厚手のジーパンを履いた男性が現れた。

観光農園へは、ここから車に乗り込んで向かうらしい。私を含め、計十二人の参加者は、四人ずつに分かれて三台の四駆に乗り込んだ。

見た目は軍用車のような、迫力のある車両の後部座席に小さく収まっていると、人数を確認していたガイドが運転席に乗り込み、車は石畳の路面を走り出した。

グワングワンと視界の揺れる、質の悪いジェットコースターのような乗り心地の車は、一分ほど走るとすぐに停車した。

ガイドに促され降車すると、そこには、綺麗に整備されたコーヒーの若木が植った畑が、視界の届く限りまでずーっと続いていた。

人の膝ほどまでの背丈しかない**コーヒーノキ**もあれば、手のひらほどの育苗ポットの中で萌える、小さなコーヒーの苗たちも、きちんと整列している。

それらの間には細かい葉を茂らせた木々が、等間隔に影を作りながらその成長を親

コーヒーノキ

アカネ科コーヒーノキ属の植物の総称。ティピカ、ブルボン、ゲイシャなどのアラビカ種とロブスタ種が二大品種である。その果実にあたるコーヒーチェリーは、赤に黄、オレンジやピンクなど、品種によって成熟時の色に違いがあるが、そこに咲く花は一様に白色で、見た目は同じアカネ科であるクチナシに似ている。

シェードツリー

直射日光からコーヒーを保護するために植えられる植物。バナナやマンゴーなど上背が高く葉の大きい換金作物が植えられることが多い。結実する植物は、相応に土壌から栄養を吸い取るため、実付きが少なく、葉の細かい、マメ科の木を植えているところもある。

のように見守っていた。これまでは字面(じづら)でしか見たことのなかった、強い日差しが苦手なコーヒーノキに日陰を作り出すための**シェードツリー**は、想像よりもスマートで、丁寧な仕事をしていた。

品種にもよるが、一般的なコーヒーノキは、栽培を始めてから初の収穫を迎えるまでに約四年の歳月を必要とする。その決して短くはない生育期間の根幹を担う一～二年目の若木を育んでいる目の前の光景は、社会のイロハも知らない、当時学生であった私の目に、すこぶる神秘的な光景に映った。

そんなコーヒーの〝保育所〟を後にし、我々は、農園内にあるコーヒーを出荷するためのさまざまな施設を巡った。収穫したコーヒーから果肉を剥(は)がす**パルパー**が並べられた掘建て(ほったて)小屋。生豆に付着した**ミューシレージ**を取り除くための発酵槽は、大きなバスタブのようだ。

そうやって加工したコーヒー豆を乾燥させるための、体育館二つ分ほどの広さを誇るパティオを見学したのちに、農園内にあるカフェスペースで一杯のコーヒーをいただき、人生初のコーヒー農園ツアーは終了した。

受付に戻るツアー車両の中で、私はえも言われぬ満足感に浸っていた。

パルパー

コーヒーチェリーから種子を取り出す脱穀機であり、「果肉除去機」とも呼ばれる。ウォッシュトやハニーの場合は外皮と果肉、ナチュラルやウェットハルの場合は外皮と果肉と内果皮を脱穀するなど、除去する部分は精製方法によって異なる。産地や農園の規模によって、電動と手動の両タイプが稼働している。

ミューシレージ

コーヒーの種子を覆っている粘液質の物質。さくらんぼや梅干しの種のまわりに付着しているヌルヌルとした物質がイメージ的に近い。水に漬け込むと、水中微生物の活動により発酵し、分解される特徴をもつ。これを残して乾燥発酵させると「ハニー」と呼ばれる精製方法になる。

コーヒーに心酔してから約四年。その時間を日本という消費国で過ごしてきた私は、コーヒーという飲料について、生粋の〝知識先行型〟であった。

コーヒー好きを自称しながら、その根幹となる生産地への訪問経験がない。このツアーの参加によって、そんな〝頭でっかち〟のコンプレックスから、ひとまずは解放されたという安堵もあったのだと思う。

ツアーの道中、参加者に配られた一粒のコーヒーチェリー。それを落とさぬよう、手の平の上でそっと転がしてみる。指先で赤みがかった果肉を剥がすと、ヌルヌルと指の間をすり抜ける、ふた粒の白い種が顔を出した。

「コーヒーの実は赤く、その中にはミューシレージという粘液質に覆われた一対の種子が入っている」

そんな、コーヒーに関する書物の第一章に書かれているような知識の実体を目の当たりにして、人知れず興奮している日本人学生は、同行している観光客の中でも相当珍しい存在だったに違いない。

ラバンデリアの待ち時間にふと訪れたこの農園体験は、その後の私の〝コーヒー旅〟の原点となり、そのきっかけとなったアンティグアの公園の景色は、金マルの味とともに脳の一部に深く刻み込まれた。

時間は思いのほか過ぎていて、スマホの時計は一五時を示していた。私の初体験に空気を読んでいた腹の虫は、ツアー車両の後部座席から降りた途端に金切り声を上げげた。帰り道にサンドイッチでも買って、それをかじりながらラバンデリアまで歩こう。

そんなことを考えながら帰路につくと、農園の門へと続く横広い石畳の両際に植っている草木が、コーヒーノキだったことに初めて気づいた。それらの背丈は私と同じほどにあり、収穫期にはしっかりと赤い実をつける成木である。

1外皮と果肉（コーヒーチェリー）を剥がすと中から二粒のコーヒーの種子が現われた。ほんのり黄色く見えるのはミューシレージに覆われているからであり、指でつまもうとしても、ニュルニュルと指先から滑り抜ける。果肉はなくとも、口に入れるとほんのりと甘い味がした。　2農園からの帰り道。石畳の両脇に人の背ほどに茂っている木は、すべてコーヒーノキであったことに気がついた。行きがけ、正門から農園までの距離の長さを嘆いていたが、実際は正門をくぐった瞬間から、そこはコーヒー農園だったのだ。

よくよく目を凝らすと、そびえ立つ樹木はシェードツリーであり、下に生い茂るコーヒーノキを強い日差しから守っている。

来たときは気づかなかった、コーヒーの群生をよく見渡すために、視線は自然と上がる。ただし、足首を狙ってくる石畳への注意は決して怠ってはならない。

私は止めていた歩みを再開し、ラバンデリアと農園の途中で見かけた、美味しそうなサンドイッチの屋台を目指した。

14 インドネシアの甘いタバコと二級品のコーヒー

月明かりが照らすスマトラ島・**タケンゴン**の街に、**ラマダン**の祈りがこだまする。それは中心地から数キロ離れた小丘に宿をとった我々にも、低く響く地鳴りのように届いた。聞くところによると、このお祈りは午前四時頃まで続くのだという。

風変わりなバックミュージックに耳を傾けながら、現地で購入したクローブ入りのタバコを吸うと、異国を超えた異世界とも言うべき感覚が、じわりと頭の先からつま先まで浸透してくる。

湯船に浸かるように、少し上を向きながら息を吹くと、白く甘い香りが月明かりに燻(くゆ)った。ほんのり甘い唇をひと舐めして、夜空に溶けていく煙を眺めながら、小ぶりのカップに注がれたコーヒーを啜(すす)る。雑味の目立つ二級品の荒っぽい味がする、妙に感傷的な夜だった。

ぬるくも街の熱気を存分に届けるインドネシアの風。それを半身に感じながら、車の窓に流れゆく昼間の街の喧騒(けんそう)を、私は行儀よく後部座席から眺めていた。

タケンゴン

インドネシア・スマトラ島の最北、アチェ州のど真ん中に位置する地区。町の西側には大きな湖が広がっており、その周辺には観光名所も多い。マンデリンに次ぐインドネシアコーヒーの代表銘柄「ガヨマウンテン」の産地にあたる。

ラマダン

イスラム教徒が、日の出から日没まで断食を行う期間。食べ物だけでなく、飲み物やタバコなど口に含むものは基本的にNG。他宗教の訪問者といえど、この時期は人前での飲食物の摂取は避けた方が良い。我々も昼食時は、車の後部座席で屈みながらサンドイッチを頬張った。

東南アジア

中国
日本
ブータン
台湾
ミャンマー
ラオス
タイ
ベトナム
フィリピン
カンボジア
ブルネイ
マレーシア
シンガポール
インドネシア
オーストラリア

アチェ州

タケンゴン

タケンゴン市街の標高は1200〜1300メートルであり、コーヒーの栽培地は周辺の山々（標高1400〜1900メートル）に点在している。赤道付近とはいえ、高地のため気温は一年を通して20℃前後、年間降雨量は1700〜1800ミリほど。アラビカ種栽培の理想環境「年間平均気温が20℃前後で、年間降雨量が1000〜2000ミリの高地」という条件をきれいに満たす、お手本のようなコーヒー産地である。

かつてタケンゴンを目指す際には、隣の北スマトラ州の州都・メダンから、車で10時間超の道のりを揺られていたという。今回我々は、ジャカルタ→メダンと移動し、さらに国内線を乗り継いで、アチェ州の第二都市・ロークスマウェに降り立ち、そこから3時間ほど車窓を眺めながらタケンゴンに入った。

日本でも古くから親しまれている**マンデリン**の産地である**スマトラ島アチェ州**。そこのコーヒー農園を巡るため、三日前に現地入りした私は、二人の商社マンと、息をつく間もないコーヒー三昧（ざんまい）の日々を過ごしていた。

コーヒー業界における一般的な産地への訪問は、俗に「商社アテンド」と呼ばれるものがほとんどだ。コーヒー農園があるような場所は、往々にして交通が不便で治安も決して良いとは言えない。そのため、それらのノウハウを持つ会社や個人に案内を依頼するのだが、中でもメジャーなのが商社によるアテンドである。

現地への訪問経験がある商社マンが、あらかじめ選定した農園を順番に巡り、紹介された豆を試飲をした後に商談と記念撮影。その後は観光地を巡り、みんなで食事といった、半ば仕入れ旅行のようなものなのだが、率直にそういった性質のものが苦手なこともあり、これまではあまり参加してこなかった。

そんな私は、今、二人の商社マンと共に地元のドライバーがハンドルを握る、走行距離三十万キロを超えたランクルに行儀よく収まっている。

というのも、今回の商社アテンドは、その性質が一味変わっていたからである。

コーヒーの商社といえど、全ての企業が自社のラインナップ全てを、直接農園から仕入れているわけではない。コーヒーは農作物であり、その品質は年次によって多少なりとも変わるため、より良い原料を仕入れるためには、生産者や**エクスポーター**と

マンデリン
インドネシア・スマトラ島の北スマトラ州／アチェ州（タケンゴン地区周辺を除く）で生産されるアラビカ種のコーヒー。精製方法が特殊であり、日本では「スマトラ式」と呼ばれ親しまれているが、国際的には「ウェットハル」という名称が一般的。

スマトラ島アチェ州
スマトラ島北端に位置するインドネシアの州。インドネシアの中でもイスラーム信仰が強い地域であり、国内で唯一イスラーム法（シャリーア）の導入が許されている。そのため、現在でも公開むち打ち等の刑罰が実施されることがある。

の密な関係が求められる。

商社という肩書きを掲げているからといって、生産地と半端に関係作りを試行するよりは、その産地に特化した専門商社に話を通す方が、企業として健全であり賢明と言える。

インドネシアの、ことスマトラ島に強いA社に、そこと共同で商品を開発しているB社。今回の農園訪問は、既存の商品のブラッシュアップのため、A社がB社を連れて農園を訪問し、生産状況をはじめとした現地の状況を案内するという、業界でも特殊な産地訪問であった。

その中でも私は、B社と取引のある一業者としてこの旅に同行しており、仕入れのためというよりは、業界の高次元な産地訪問を後学のために体験したいという理由で、インドネシア入りをしていた。

そんな産地訪問の三日目、すでに私の精神は限界を迎えていた。

多少なりとも自信を持っていたコーヒーの知識が全く通用しない。初めて相対する最前線の現場。加えて、目の前で繰り広げられる全てが英語。**TOEIC350点**を自己ベストとする私には、何も理解することのできないやり取りが、四六時中に渡って繰り広げられていた。

エクスポーター

輸出業者。ここではコーヒー豆を日本に輸出する現地の商社を指す。基本的に現地の商社は、現地の農園に貿易の機能はなく、現地の商社「エクスポーター」が輸出の手続きを行い、各国へコーヒー豆が届けられる。反対に日本などの輸入国側で、それを受け取る手続きを行うコーヒー商社は「インポーター」と呼ばれる。

TOEIC 350点

英語でのコミュニケーション能力を測る国際的な試験。満点は990点で、社会人の平均点は約600点。試験は3、4択のマークシート式で行われ、適当に回答しても約250点は取れる中の350点は、国際的な仕事をする上で恥ずべき点数にあたる。

あくまでも来訪前から分かっていた事、いや想像以上であったと言うべきか。

私自身、産地訪問自体は初めてではなく、過去に幾度も似たような状況に置かれたことがあった。

なにぶん英語はからっきしだが、会話の中で登場するコーヒーについての単語を繋ぎ合わせてだいたいの状況を把握し、不明点があればそれを書き出して、後ほどアテンダーに確認をとる。

これまでは、そんなやり方で難を逃れてきたが、今回の内容は別格であった。帯同している商社マンとエクスポーターの間で飛び交うコーヒー用語が、見事に一つも分からない。

パスポートを携え飛び込んだ地が、物理的な距離以上に異国の地だったことの衝撃に、柄にもなく憔悴していた。

そんな状況下での、インドネシア滞在三日目。私たちはアチェ州の都、タケンゴンという街に降りてきていた。今回の産地訪問において、品質調査に続く第二の目的、顧客向けの商社アテンドを行う際の観光場所の視察、および選定のためだ。

今回の視察後、私が勤務するワコーコーヒーのような顧客を多数抱えるB社が、スマトラ島のコーヒーを主題とした商社アテンドを、早ければ次年から開催することになる。

そのためには栽培品種や精製方法など、農園に関する調査と選定のほかに、現地での過ごし方や文化体験の提案というのが、非常に重要な項目になってくる。

単純に生豆を売るのではなく、その国の食から歴史、文化までを含めてアテンドすることで、厚みのある商品を創造する。これによって我々のような中間業者が獲得する知見は、最終的に消費者にそのコーヒーを届ける際に、味以外の価値の提供を可能にするわけだ。

また、その豆や国に対して、思い入れが生まれるきっかけとなりえるのも、この観光をはじめとする〝コーヒー以外の部分〟が大切な要素となる。

「ここの市場は治安も衛生も問題ないな」「このレストランは十人以上入れて、ヴィーガン向けのメニューもあるな」といった〝おもてなし〟の実地調査がコーヒーの商社マンには欠かせないのだ。

タケンゴンの中心地に到着し車を降りた我々は、まず最寄りの市場を目掛けて散策を開始した。時刻はちょうど昼時を過ぎた頃で、少々腹が減っており、本来であれば軽食でも摂りたい時間でもある。

だが、アチェ州の収穫期に合わせて渡航した我々が訪れたのは四月の初旬。イスラム教が多数を占めるアチェでは、街全体がラマダン一色になっていた。

特にこの周辺地域はイスラム教への信仰が非常に深く、日が昇っている間は食品どころか、水もタバコも摂取してはいけない。外国人といえど人前では決して食事を行えず、日中の腹ごしらえなど、とてもじゃな

From WAKO COFFEE Channel.

【理解不能】コーヒー商社マンのリアル仕事に手も足も出ない焙煎士

連日 3-5 箇所のコーヒー農園を巡る。農園に英語を話せる人は少ないため、常にエクスポーターが間に入り、交渉や質疑応答を行う。そのやり取りは、国や産地ごとに特有の専門用語が多いため、多少の英語やコーヒーの知識程度では理解できない。

https://x.gd/aKqxz

ラマダン中のフードマーケット。断食中といえど街全体に緊張感というものはなく、みんな日没後に摂る食事を、和気あいあいと選んでいた。軒を連ねるのは揚げ物や甘いお菓子などの屋台が多い。「この時期は夜に爆食いするため太る」。我々の移動車を運転していた恰幅の良いおじさんは、そう言いながら自分の腹をさすっていた。

いが許されない。

これは訪問した農園でも浮上する問題であり、仕入れをするためのコーヒーのカッピング（試飲）も、このムスリム（信仰者）の義務に抵触する。我々は商売の目的ゆえ致し方ないとして、農園側は責任者のみラマダンを休止し（詳しい規則は分からないが）、品質のチェックを行うほどに、神経質な状態であった。

それでなくとも到着した市場では、日暮れ後に食べるための多種多様な食品を売る屋台が、豪華絢爛に街路沿いにびっしりと並んでおり、私の空いた胃袋を容赦なく刺激してくる。ラマダンの時期はむしろ太ると言われるほどに、日が落ちた後は連日お祭りのように食事が行われるため、それ用の食事が並ぶ屋台は、とても綺羅びやかで魅力的に映った。

そんなことを考えながら腹の虫を諫めていると、隣ではB社の商社マンが分厚い手帳にメモをとっている。あらかたペンを走らせると、すかさずスマホを取り出し、マップにピンを打っていた。

そんな調子でいくつかの観光地とおすすめの土産屋を巡り、ひと段落がつく頃には時刻は十六時になっていた。日暮れが十七時半頃なので、ぼちぼち帰路についても良い。腹をさすりながら車の後部座席に乗り込むと、今回の旅の音頭をとっているA社の商社マンから「帰りに寄りたいところはないか？」と問われた。

特に目ぼしい場所も浮かばず、意識の大半を空っぽの胃袋に奪われていたが、そこである買い出しを思いついた。

「現地のタバコって買えますかね？」

ウォッシュト

コーヒーチェリーを貯水槽に入れ、選別した後に果肉を除去する。その後、ふたたび水に漬け込んでぬめり（ミューシレージ）を取り除き、水洗いした後に乾燥させる精製方法。乾燥期間は約1〜2週間。栽培地が山間部で斜面が多いなど、豆を干す広い土地が少ない生産国などで用いられている。別称「水洗式」。

From WAKO COFFEE Channel.

【閲覧注意】コーヒー"虫喰い豆"の元凶発見｜初めてのアナエロビックファーメンテーション

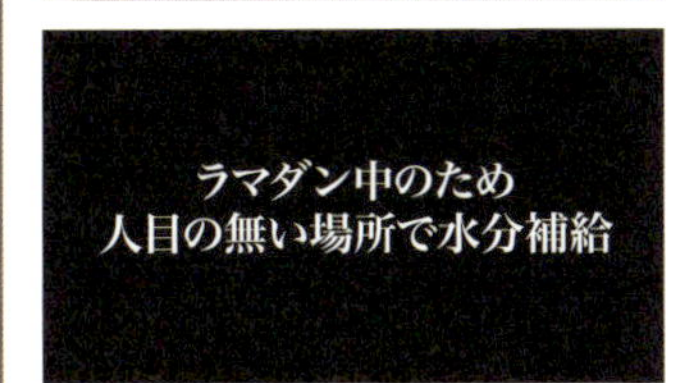

ハンドピックで弾かれる欠点豆の代表格とも言える「虫食い豆」の元凶となる幼虫の撮影に成功。コーヒーの収穫や精製はまさに農業そのものである。そのため、各工程は基本的に力仕事であり、生半可な体力での手伝いは邪魔にすらなる。

https://x.gd/CGyDa

かねてより私は、生産国を訪問した際にたしなむ、現地のコーヒー&シガレッツの組み合わせが至高のマリアージュであると主張しており、これまでもさまざまな国でそれを堪能してきた。しかし、スマトラ島に来てからというもの、激動の最前線を目まぐるしく走り回っていたことで、その楽しみを失念していたのだ。

帰路の途中、町外れの売店に降ろしてもらった私は、拙(つたな)い英語とジェスチャーで最も人気のタバコをくださいと伝え、白字で〝A〟というロゴがあしらわれた、ソフトパッケージのタバコを購入した。

宿に戻るとすでに日は落ちていて、ライトが焚かれた屋外にある吹き抜けの食事場では、夕食の準備が行われていた。各々荷物を自室に置いたのちに食事場へ向かい、エクスポーターを含めた五、六人で夕食を摂る。

卓に並ぶ全ての飯を、右手のみで口へ運ぶ食事も三日目にして慣れてきた。インドネシア料理は私の舌に合っていたのか、ことさらに美味い。毎度の食事を腹一杯になるまで堪能し、もう食べれないと右手を拭くと、一帯に響くラマダンの祈り声を聴きながら、呆けたように夜空を眺めていた。

「コーヒーいる?」

今日一日、我々を案内してくれた女性のエクスポーターから英語で問われた。連日

コーヒーチェリー

アカネ科コーヒーノキ属コーヒーノキの果実。コーヒー豆は、この果実の種子の部分にあたる。その原料となる生豆は五つの層に守られており、その外側の四層「果皮／果肉／ミューシレージ／パーチメント」を除去し、乾燥させる作業を「精製」と呼ぶ。その内側にある「シルバースキン」は、パーチメントを除去する脱穀の工程である程度取り除かれ、残りは焙煎時に「チャフ」として剥がれ落ちる。

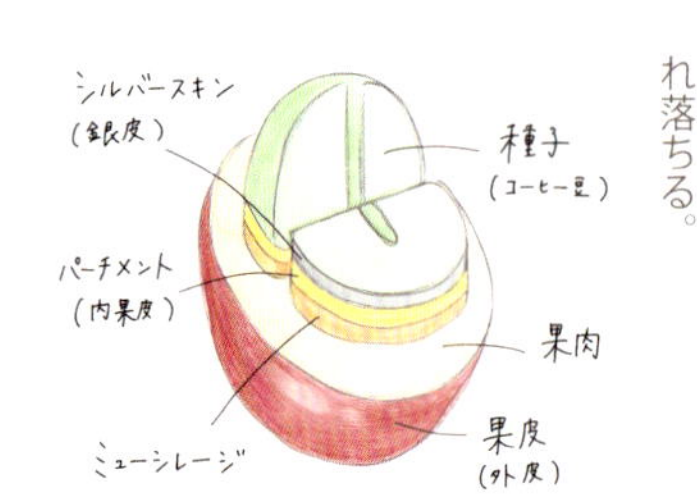

1収穫したチェリーを水洗いすると同時に、異常のある豆や小枝を浮力で選別している光景。正常なチェリーは水に沈むため、水面でキラキラと輝いているのは全て異常のある実。輸出規格に「欠点数」の項目を設けるインドネシアにおいて、これらの豆を輸出することは基本的にはばかられるため、この工程で全て取り除かれる。 2上の工程で取り除いた実を、天日乾燥している様子。欠点のある豆は、輸出せずともそのまま捨てるにはもったいない量になるため、国内市場向けに、ナチュラル精製で風味を強くし、出荷する。これも現地農家の重要な収入源となっている。

同じ宿に滞在していたのにも関わらず、初めてのコーヒーの勧めだったので、返す刀で「ください」と伝えた。

「昨日までマシンが壊れてたんだけど、今日直ったらしいの」

我々が宿泊しているのが外国人向けの宿なこともあり、コーヒーの抽出はエスプレッソマシンで行っているそうだ。そう言って「じゃあ頼んでくるね」という彼女の後ろ姿に、私は「あ、すいません」と呼び止めた。

「あの、昨日見せてもらった二級品のコーヒーはありますか?」


スマトラの二日目、我々は中規模の農園にて**ウォッシュト**の加工を視察していた。その第一手順として、収穫した**コーヒーチェリー**を水を張ったプールのような、貯水槽と呼ばれるスペースに投げ入れる。鮮やかな暖色のビー玉のような。水面に無数のチェリーがゆらゆらとゆらめく光景は、きわめて幻想的であった。

しかし、浮いてくる豆というのは虫に喰われていたり、十分に成長していなかったりなど、「**欠点豆**（けってんまめ）」と呼ばれるものにあたるので、取り除く必要がある。

それらを農園の男性陣が一粒残らず掬い上げ、人の腰ほどまである大きなバケツが二つ三ついっぱいになる量を移していた。そんな鮮やかな〝無念のビー玉たち〟とは、すぐさま再会を果たすことになる。

欠点豆
虫に喰われたり、砕けていたりなど、不完全なコーヒー豆のこと。欠点豆というが、加工途中で混入する石や木片、パーチメントも含まれる。一般的にそれらの要素は、コーヒーの風味を損なわせるものとして、その混入具合によって豆の等級／グレードを決定する生産国もある。

ナチュラル精製
収穫したコーヒーチェリーを、コンクリートなどの床に広げ、日光に当てて乾燥させた後、果肉／ミューシレージ／パーチメントを一度に除去する精製方法。果肉が付いたまま乾かすため、その乾燥期間は約2〜4週間と長い。収穫期が乾季に当たるなど、乾燥作業中コーヒーの「精製」の工程を見学した後、その次の工程である「乾燥」を行う施設に移動をした。そこにはパティオをはじめ、いくつものビニールハウスが建ち並んでおり、その中には様々な精製がなされたコーヒー豆たちがズラリと乾燥されていた。

すると、乾燥場のはずれというか、敷地の端に、これまでに見せてもらった設備よりはだいぶ簡素な乾燥器具のところへ案内された。その上には果肉がついたままの、いわゆる**ナチュラル精製**が施されているコーヒーチェリーが大雑把（おおざっぱ）に広げられていた。

「これがさっき取り除いた欠点豆です。ナチュラル精製でフレーバーを強くして、〝二級品〟としてインドネシアの国内流通ルートに卸します」

コーヒー業界の逸話にこんなのがある。

とある大手商社のコーヒー部門に異動した営業マンが、仕入れ先の開拓のために意気揚々（いきようよう）とコーヒー大国ブラジルに飛んだ。現地に到着後、農園を訪問し、「金に糸目はつけないから、ここにある最も美味いコーヒーが飲みたい」と伝えると、にこやかな顔でテーブルに置かれたのはネスレのインスタントコーヒーだった。

誰が言い出したかは分からない、作り話の可能性ですらあるエピソードだが、事実、

にさほど雨の心配をしなくて良い生産国で用いられている。別称「乾燥式」。

クローブ
バニラのような甘い芳香に、スパイシーな香りを併せ持つ香辛料。インドネシアはその最大生産国であると同時に、最大の消費国でもあり、名実ともにクローブ大国と呼べる。生薬名は丁子（チョウジ）。

アメリカーノ
エスプレッソにお湯を加え、ドリップコーヒーと同じくらいの濃さにした飲み物。日本のカフェや喫茶で一般的なハンドドリップに比べ、細々とした機材や手順が少なく、提供までのスピードも速い。隣国の韓国では覇権を握る淹れ方、メニュー。

産地で飲むコーヒーの品質は、昂った期待を大きく下回ることが多々ある。前提としてコーヒーという商材は外貨獲得の重要産品であり、良いものはすべからく輸出され、国内に残ることはかつてはあまりなかった。

生産国として活躍していた国が、消費国として名を連ねるようになった現代においては、そのようなことも少なくなってきたが、例えるなら高知県のカツオのような、「その土地で味わうものが最も美味い」という日本人の食に対するイメージは、ことコーヒーにおいては当てはまりづらい。

農園としても輸出の規格に見合わないだけで大量に発生する豆を、ただただ廃棄するだけでなく、精製などで工夫を凝らし、現金化しているのが世界のコーヒー農園の生き抜く知恵でもある。

「あの、昨日見せてもらった二級品のコーヒーはありますか?」

豆鉄砲を喰らったような表情は一瞬で訝しげになり、彼女は確認を求めた。

「たぶん、従業員用のコーヒーがソレだけど、あまり美味しくはないわよ?」

「問題ありません。それを飲んでみたいんです」

少し呆れた表情を見せた彼女は、すぐに「OK。ちょっと待っててね」と言って、炊事場へ向かった。

ダンパー

焙煎時に豆が回っているドラム内部の空気の流れを調整する装置が排気ダンパー。閉め切っていると、熱と空気がこもり温度は上がるが、同時に煙も充満するため、スモーキーなフレーバーに仕上がる。反対に、ダンパーを開放し、内部の空気を排気すればするほど、風味は大人しくなり、軽やかな味になる。

焙煎機の排気ダンパー

タバコというのは言語の壁を越える、れっきとしたコミュニュケーションツールでもある。農園に行くと、歓迎の印なのかタバコを頂戴することが多い。そんなもらいタバコを横で吸っていると、コレもコレもと、謎のナッツや"どぶろく"なども勧められ、わいわい騒ぎながら未知の味との出会いに、お互いボディランゲージで盛り上がる。日本のタバコというのは、思いのほか喜ばれことが多く、貰ってばかりは悪いと自分のタバコを渡すと、言葉なき会話に拍車がかかる。

私は彼女の背中を見送りながら、右ポケットに入れていた〝A〟というタバコのビニールを剥(は)がした。すると、まだパッケージを開けてもいないのに、甘ったるい、スパイスの香りが鼻腔(びくう)をくすぐる。

喫煙大国インドネシアで愛されるタバコは、日本で流通しているものとは一風異なる。基本的にタールが重いこともそうだが、最たる違いは、タバコの葉と一緒に**クローブ**の粉末が巻かれており、吸い口となるフィルターには、ほんのりとシロップが塗られていることである。

火をつけると、細かく挽かれたクローブがバチバチという音と共に弾け、エスニックな甘い香りがあたりを漂う。〝ガラム〟の愛称で親しまれるこのタイプの銘柄は、かつての日本でもサーファーの間で流行していたと聞く。

かなり香りが強いため、日本では文字通り煙たがられると思うが、インドネシアにおいては喫煙者のほとんどが、このクローブ入りのタバコをバチバチと吸っている。インドネシアと言われるとコーヒーの次に挙げるくらいに印象が強いのがタバコである。

ペリペリと剥がしたソフトの箱を、トントンと人差し指でノックすると、火をつけずともエスニックな芳香を放つ紙巻（かみまき）が、徐々にその姿を覗（のぞ）かせた。

それを三本指で抜き取り、横一文字にして鼻の前に持ってくる。強烈に舞い込む甘ったるい丁子の香り。クローブの生産量並びに消費量が世界一である、インドネシアが巻かれた至極の一本である。

「お待たせ。これで良い？」

小ぶりのカップに並々注がれたコーヒーを持って、彼女が帰ってきた。「ありがとう」と受け取り液面を覗くと、茶色く細かい泡がカップの際に寄っている。マシンで抽出したエスプレッソにお湯を注いだアメリカーノだ。

完全に陽が落ち、月光が照らすタケンゴンの宵（よい）に、一筋の湯気が立ち昇る。口をつけずとも伝わる熱を一瞥し、右手の指に挟んでいたタバコに火をつけた。

バチバチバチッ。鼻から息を吸い込み、夜空へ向かってゆっくりと煙を吐いた。

意外にもタールの重さは気にならず、クローブの艶美（えんび）な香りが闇夜に溶ける。チロッと舌先を出して唇を湿らすと、フィルターに塗られたシロップの甘さが口腔（こうくう）に広がった。

大きく息を吸い込み、吐き出す。右手の指の間に挟んだタバコを左手に持ち替え、空いた右手でカップを摘んだ。

特に焙煎が深い様子もなく、軽やかなコーヒーらしい風味が鼻腔をくすぐる。

今一度立ち昇る湯気を鼻に通して、おもむろに口を開き、ゆるりとカップを傾けた。

まだまだ熱い、茶褐色の液体が舌の上を滑る。

うん、案外悪くない味だ。それほどに苦味は強くなく、突拍子もない拒絶するような風味もない。言うなれば、**ダンパー**を全開にして、火力を抑えて長時間焙煎すると、こんな風味になるだろうか。

とりわけ目立ったフレーバーはなく、この温度帯でも雑味が目立つというのが気になるが、そもそもこれは輸出されることのない〝二級品のコーヒー〟なのだ。

いずれにしろ、この荒っぽい液体と、左手から芳香を放つ紙巻が、インドネシアの国を投影するコーヒーとシガレッツであることは間違いない。

「美味しいコーヒーとは？」と問われた際、質問者へ返す私なりの解釈の一つが、この〝現地のコーヒー&シガレッツ〟である。

旅行者が食事をする際に「地(じ)のもの」を求めるように、観光客向けではなく、その国の人々がたしなんでいる趣向に触れてみる。とりわけコーヒーとタバコというのは、すべてのコーヒー産地で楽しめるマリアージュであり、そこではあえてリーズナブルな価格のコーヒーを飲むのがオツである。

その生産国へ対しての理解を深めることは、目の前にある一杯の味を簡単に変えることができる。いわば、「焙煎」や「抽出」と同様、コーヒーの加工法の一つと言ってもいいだろう。

もし、コーヒーの産地へ赴(おもむ)く機会があれば、品質の良い高単価のコーヒーは言わずもがな、あえて安いコーヒーも注文してみてほしい。その国の伝統と暮らしが投影された、ウマい、一杯に出会えるかもしれない。

15 ウガンダのキャッサバとインスタントコーヒー

背中に感じる、確かなコンクリートの質感。うちっぱなしの床に、ゴザを敷いただけの寝床も、三夜も越すと愛おしすら芽生える。

ここはウガンダの首都、カンパラにある旅の宿の一室。ただし、宿というのは名ばかりで、実際は現地の人の自宅の一部を間借りさせてもらっているに過ぎない。

エジプトから入り（↓p. 158）、エチオピア、ケニア、**ウガンダ**を巡るアフリカの旅。ケニアの首都ナイロビからウガンダの首都カンパラまでの500キロは、夜行バスに揺られて移動してきた。

ウガンダの観光資源といえば、ひとえに、その国土に広がる豊かな自然が挙げられる。赤土（あかつち）の上に茂る緑の木々と、頭上に高く広がる青空。それらは、かつてのイギリス首相ウィンストン・チャーチルが「**アフリカの真珠**（しんじゅ）」と呼んだほどに美しい。その自然に住まう野生のゴリラやハシビロコウ、そんな希少な動物に逢いに行くツアーが、世界的に人気の国である。

ウガンダ

東アフリカに位置する内陸のコーヒー産地。主な栽培種はロブスタで、その発祥地域とも言われている。ウガンダで生産されるコーヒーの質は高く、コートジボワールと並びアフリカロブスタの代表産地としても知られる。内陸国のため、コーヒー豆の輸出は、隣国のケニアやタンザニアの港から行われる。

アフリカの真珠

イギリスの元首相、ウィンストン・チャーチルがウガンダという国を形容した言葉。ウガンダ国内には、いくつもの観光可能な国立公園があり、周辺にはロッジやホテルなどの宿泊施設も多い。欧米諸国からは、真珠と呼ばれる自然を目当てに訪れる観光客も多い。

東にケニア、南はタンザニアとルワンダに接しているウガンダ共和国。コーヒーインストラクターの教本でも触れられる「赤道に近い生産国は乾季と雨季の区別がない」という特性に対して、しばしばインドネシア、ケニア、コロンビアの3カ国が列挙されるが、実はウガンダも赤道直下に位置するコーヒー生産国。赤道と離れた北部地域は明瞭に二季が分かれているが、ウガンダ南部は巨大な湖“ヴィクトリア湖”の影響もあり、乾季と雨季の区別がない。そのため、首都カンパラ付近は一年を通して過ごしやすく、毎日が観光日和となる。

そんな大自然が広がるウガンダの首都カンパラで、私は半ば引きこもりのように過ごしていた。

先に訪れていたケニアで参加した二泊三日のサファリツアーで、日本を発った時に抱いていたアフリカの大自然に対する欲を、きれいさっぱり消化していたのが大きい。加えて、そのツアー代が少々高めだったことから、もともと少なかった貯蓄もスズメの涙ほどになっていた。

観光地への訪問や未知の体験という、旅行者としての強迫観念をいっさいがっさい捨て置いた私は、地元の売店で買った食材を料理をしたり、近所の子供と遊んだり、仕事から帰ってきた隣室の青年と、互いに慣れぬ英語で語り合ったりして過ごしていた。

そんなカンパラ滞在、四日目の朝。

寝ぼけ眼を擦りながら歯磨きよりも先に行うのは、空のタンクを持って家の裏にある湧き水を汲みにいく作業。水場には三人ほどの女性が列をなしており、それぞれに大小のポリタンクを両手いっぱいに持っている。

自分の順番までもう少しかかりそうだ。ざっと目算を済ませた私は、並んでいた列に持参したポリタンクを置き、水場から目と鼻の先にある小屋へ向かった。

木の板を釘で打ちつけただけの、非常に簡素な作りの小屋の軒先には、七輪のような熱源の上に、黒くて大きな年季の入ったフライパンがドンと置かれている。

その中には、少量の油で揚げられている大量の**キャッサバ**があった。日本ではタピオカの材料として一部の人には知られているこの芋は、このウガンダにおいては非常によく親しまれている作物である。

2022年、ウガンダの**ムセベニ大統領**は、小麦をはじめとする食料価格の高騰に苦しむ国民に対して「パンがないなら、キャッサバを食べたらいい」という、かのフランス王妃・**マリー・アントワネット**が革命前夜に発したとされる言葉（パンがなければお菓子を食べればいい）になぞらえた演説を行い、賛否の波紋を呼ぶ事態となった。

そんな国家元首の発言にまで登場するキャッサバの素揚げは、掘立て小屋の軒先で売られていた。一度に揚げる量が大量すぎて、その大部分が油からはみ出し、何度も何度も鍋の中でかき混ぜられる。それらをガサっとザルに上げて、サッと塩が振られ

キャッサバ

主にアフリカや東南アジアで栽培されている芋。日本ではタピオカの原料として知られている。その調理法は幅広く、特に素揚げが美味い。味はパサついたさつまいもという感じだが、甘味より塩味を好む私としては、むしろキャッサバの方が好み。原産地は中南米とされており、和名では「芋の木」と呼ばれる。

ムセベニ大統領

ウガンダ共和国にて四十年近くもの間、大統領を務めている政治家。内戦続きのウガンダに「平和と経済成長」をもたらした人物として、国内外の評価が高かった。しかし近年は、長期に渡って政権を握っていることに対し、不満を募らせる国民も少なくない。

宿泊していた家に水道がないため、朝一番に最寄りの水場へその日の生活水を汲みに行く。この水は風呂、洗濯、歯磨き、料理などに用いられ、口に含む用途の場合は煮沸消毒を行う。この周辺は、近隣住民の寄り合い場にもなっており、ポリタンクを持ち、順番待ちをしながら談笑にふける奥様方も多かった。

る食べ応えのあるこのポテトフライは、ウガンダ滞在の初日から私の主食となっていた。

控えめな塩気に、日本のじゃが芋とは違った繊維質な食感が虜（とりこ）になる、目新しくもほっこりする美味さ。そこでは四六時中キャッサバを揚げ続けていたので、いつ行ってもアツアツの揚げたてを包んでくれることが、電子レンジのないこの地の生活においてはたまらなくうれしかった。

私は朝飯用に九本のキャッサバを買った。日本円にすると一本五円。締めて四十五円だ。多めに購入したのは、共に旅をしている相棒（大学時代の友人、ダイチくん）と、宿を貸してくれているホストの分を含めたからだ。

旅の宿は**カウチサーフィン**という旅行者向けのマッチングサービスを用いて、現地のホストの自宅にタダで泊めてもらうといったやり方で確保している。我々を泊めてくれた宿主のカトは、「まぁ、気がついた人が買うなり作るなりしよう」といった感じで、夕食は3人で割り勘して具材を買って料理したり、朝は近隣で買ったものを持ち寄ったりして食卓を囲んでいた。

目の前でパラリと塩が振られた、揚げたてのキャッサバが詰められたポリ袋を受け取り、一度家に持ち帰る。私より早く起きていた二人は、歯磨きをしながら湯を沸かしていた。

駆け足で水場へ戻ると、ちょうど前列に並んでいた女性が、持参した最後のポリタンクをパンパンにしているところだった。私もポリタンクに水を貯める。周辺の家々には水道が通っていないため、こうして自分が使う分の水は自分で汲んでくるのが、初日に学んだここでのルールだった。

持参した小ぶりのタンクをいっぱいにすると、それを両手に持って家に帰り、その水を鍋に入れて火にかけながら、歯を磨き始める。この湯沸かしは起き抜けのコーヒーを淹れるためではなく、歯磨き終わりの最後のうがい水を確保するための煮沸消毒である。汲んできた湧き水は、途中のうがいには使えるが、最後にはしっかりと煮沸した水でうがいを終えるようにというのが、ここでの二つ目のルールだった。

歯磨きを終えて部屋に戻ると、朝食が用意されていた。白い大皿のプレートに、先ほど調達してきたキャッサバと、カトが刻んでくれた紫玉ねぎが並べてある。お湯の

マリー・アントワネット
フランス国王・ルイ16世の王妃。絵画でも知られる容姿端麗な姿と、多くのぜいたく品や娯楽を好んだという浪費癖が知られており、彼女をテーマにした作品も多い。彼女が発したとされる「パンがなければお菓子を食べればいいじゃない」という有名な発言は、実はそんなことは言っていないというのが近年の見解。

カウチサーフィン
旅行者とその渡航先の一般市民をつなげる、国際的なマッチングサービス。カウチ（ソファ）ほどの寝床を無償で提供してもらい、それまでの旅話や自国の話題で、旅行者と宿主が交流することを目的としている。利用する際は、基本的に二者間での話し合いになるため、トラブルも多い。

水汲み場の目と鼻の先で営業をしている“揚げキャッサバ屋”さん。いつ行っても常にキャッサバを揚げており、滞在中は百発百中で揚げたてが買えた。この付近には、同じようなキャッサバ屋がいくつかあったが、この店が最もジューシーで、濃くも薄くもない絶妙な塩加減のキャッサバを売っており、その繁盛具合にも大きく頷けた。

入った人数分のマグカップの横には、**ネスレのインスタントコーヒー**のボトル。

いただきますと手に取ったキャッサバを咥(くわ)えながら、ネスレのフタを開け、大ぶりのスプーンでそれぞれのマグにコーヒー粉を入れていく。一周すると今度はカトにスプーンを渡し、コーヒーと同量の砂糖をそれぞれのカップに入れていった。

三回目の朝ともなれば、ここまでの所作(しょさ)は流れるように阿吽(あうん)の呼吸で行われる。ほのかに塩味があり、少々パサつく素揚げのキャッサバには、この甘いコーヒーがなんとも合う。「塩味と甘味」「渇きと水気」という二つの相反(あいはん)する要素が互いを引き立て合う、最高の朝メシなのだ。

「ウガンダのコーヒーってどこかで飲めるの？」

アフリカ大陸において、エチオピアに次ぐ生産量を誇るコーヒー産出国に来ているにも関わらず、滞在四日が過ぎた今までウガンダ産のコーヒーを一杯も飲んでいない。せっかくなら滞在中に飲んでみたいと思い、隣に座るカトに聞いてみたのだ。

「そんなのここで飲めるよ？　ほら」

そういってカトは座ったまま上半身をぐるりとひねり、後ろの棚から茶色いキャップの小ぶりのボトルを手に取った。

「これがウガンダのコーヒーだよ。けど、あんまり美味しくないんだよね」

手渡されたプラスチック製のボトルには赤い字で〝UNIQUE（ユニーク）〟と書かれており、中には小麦粉ほどに細かい、焦げ茶色の粉末が入っている。裏には〝Enjoy（エンジョイ） Uganda's coffee（ウガンダズ・コーヒー）〟の文字と、アラビカ種とロブスタ種を使用しているとの記載があった。

手にしたボトルを見回している私に、カトは「インスタントコーヒーだよ」と軽く言葉を投げた。

さすがに、その味が気になる。私は、別にもう一つのマグカップを借り、手元のボトルからコーヒーを小さじ二杯分ほど落とす。そこへ、ひとまず砂糖を入れずにお湯を注ぐと、フワリと甘い匂いが微（かす）かに香った。

ウガンダ産の豆は、アラビカ、ロブスタに関わらず自ら焼いて飲んできたが、こんな香りは今まで嗅（か）いだことがない。少しの緊張とともにカップを口元で傾けると、明

ネスレのインスタントコーヒー
スイスに本社を置くネスレ社のインスタントコーヒー。日本でも「ミロ」や「キットカット」でお馴染み。インスタントコーヒーに関しては、世界市場の半分以上を占め、展開範囲は180カ国を超える。ネスレ製のインスタントコーヒーは、産地や農園でも見かけることが多い。

シナモン
ニッケイ属という植物の樹皮を乾燥させたスパイス。カクテルや紅茶、洋菓子の香りづけに人気があり、流通しているシナモンの七割以上は、インドネシアと中国で生産されている。世界最古の香辛料とも言われており、別名「スパイスの王様」とも呼ばれる。

らかな**シナモン**の風味と、ロブスタ特有の穀物臭が同時に飛び込んできた。

なんだこれは。私の知るウガンダではない。あっけに取られている舌の上は、微粉とは呼べない大きさの何かでザラついている。

私の隠せぬ動揺にニヤつくカトを横目に、再びボトルを手に取り、もう一度ラベルのアルファベットをよく見ると、UNIQUEという文字の下にSpiced Coffeeの文字があった。さらに、ボトルの裏面には、Spiced：Cinnamonという文字がある。先ほど一瞥した時は、単に醸し出されているフレーバーを明記している項目かとスルーしていたが、なんと元よりコーヒー粉にシナモンの微粉末が混ぜられている商品だったのだ。

口内のザラつきの正体が明らかになった安堵感と、日本では見かけたことのないワイルドな手法の製品に驚きつつ、ボトルをカトに返した。

日本にもコーヒー粉に風味づけをした**フレーバーコーヒー**という種類の製品があるが、それらは挽いたレギュラーコーヒーにそれぞれの香料を噴霧することで香りづけをしたもの。スパイスを砕き、それを直接コーヒー粉にブレンドしている製品には初めてお目にかかった。

「ウガンダのコーヒーは大体こんな感じなんだよね。それに安い」

確かに、フレーバーコーヒーというのは、安価な豆に香り付けをすることで、新たな付加価値を生み出す手法でもある。ウガンダの名産であるロブスタを含むインスタントコーヒーに同じ手法（やり方はもっと独特だが）を使うのも、不思議ではない。

〝コーヒー屋〟という立場でこの一杯の味を評価するなら、「苦く大味で不自然なシナモン風味のコーヒー」といったネガティブな表現になってしまうだろう。

ただ、〝コーヒー愛好家〟という立場で言うなら、「ウガンダという生産国の特性と文化がブレンドされた、興味深いコーヒー」という表現になる。地元の人との生活の中で、現地の主食であるキャッサバを頬張りながら、ふと巡り合ったユニークな一杯であることは間違いない。

「この〝ユニーク インスタントコーヒー〟を、日本への土産に買って帰りたい」

そうカトに伝えると、彼はその日の昼過ぎに、カンパラ市内の売店を案内してくれた。その店の棚には、目当てのインスタントコーヒーのボトルと並んで、カトが我々に毎日飲ませてくれていた、ネスレのインスタントコーヒーのボトルも置いてあった。その値札を見ると、その価格は〝ユニーク インスタント〟のおよそ三倍。ほとんど日本と変わらない値段で売られていた。

今旅の宿はすべて、マッチングしたカトにタダで泊めてもらい、その見返りとしてこれまでの旅の話や自国の文化を話すことで成り立っていた。そのため基本的に金銭のやり取りは発生せず、家主のカトも宿代の要求などはいっさいしてこない。滞在時の食費などは、こちらが多めに支払う程度の距離感だったが、予期せぬウガンダでのコーヒー体験をくれた彼に感謝の意味を込めて、私はネスレのインスタントコーヒーを買って、彼に手渡した。

「いいの？　サンキュー」

フレーバーコーヒー

コーヒー豆にシナモンやチョコレート、ナッツ類などの香りを添加した商品のこと。製造には、焙煎した豆を挽いたコーヒー粉に香料を添加する方法や、焙煎段階でフレーバーオイルを添加する手法が用いられる。意外と日本でも見かける機会は多く、ハワイの定番土産「ライオンコーヒー」がこれにあたる。

国際コーヒー価格

世界の需要と供給から決定されるコーヒー豆の元値のこと。コーヒー豆は先物商品であるがゆえ、投機の対象となり価格が変動しやすい。「コーヒー危機」と呼ばれる価格の大暴落も過去に発生しており、貿易商材としてコーヒー豆を扱う国は、その度に苦しんできた。

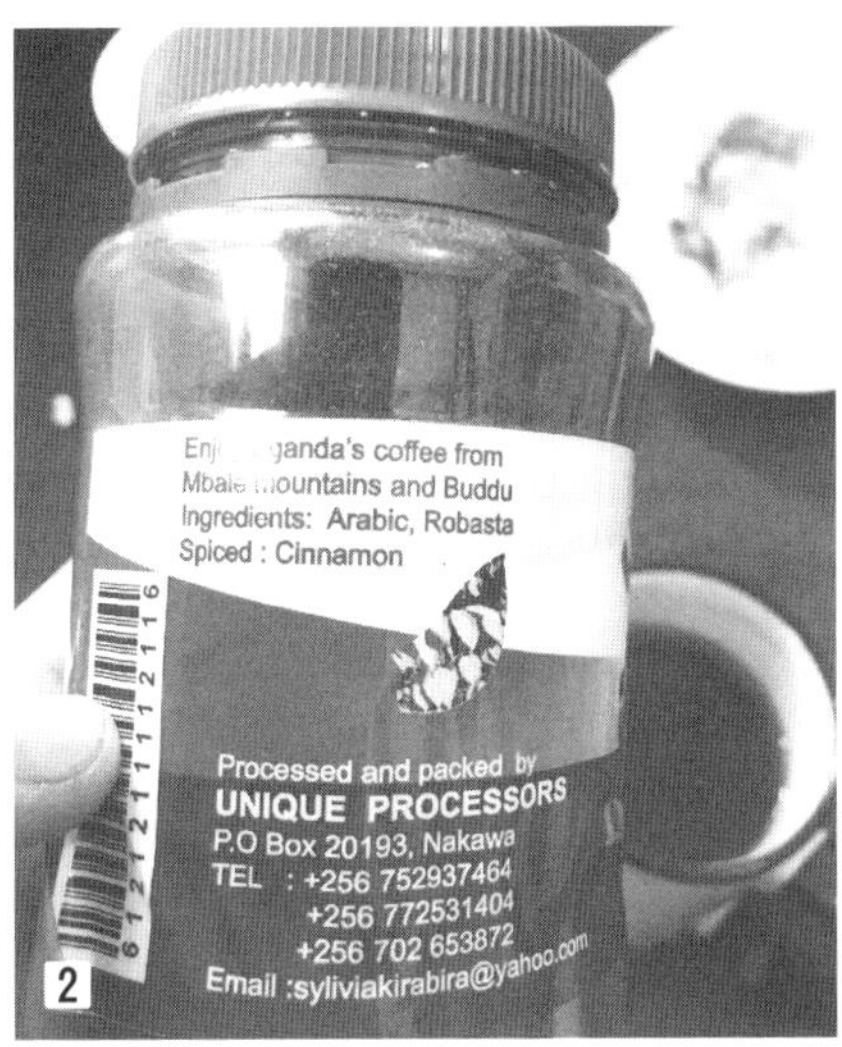

1 ネスレのインスタントコーヒーをお供に、各々が近隣の屋台で買ってきた朝食を囲む様子。揚げ物中心のメニューだが、これはカトが「屋台の食べ物は、フライだったら腹を壊さない」と買い物の際に言っていたから。野菜や果物などは、基本的に丸のまま購入し、自分たちで調理して食べた。 **2** カトが棚の奥から出してくれた、ウガンダ産のインスタントコーヒー。裏側の表示には、アラビカ種とロブスタ種のブレンドであることに加え、シナモンが入っていることを記載してある。 **3** スプレードライタイプのインスタントコーヒーは、常温ほどの水や牛乳だと溶けにくい性質を持つが、このインスタントは、少しぬるめのお湯でもきれいに溶けてくれた。底の方にはシナモンの微粒子が沈殿しており、ときおり味蕾に触れるとストロングなシナモンフレーバーを届けてくれる。ラベルの文字どおり、ユニークな体験をさせてもらった。

コーヒー生産で名高いアフリカの地にて、エチオピアに次ぐ第二位の生産量を誇るウガンダ。

当国におけるコーヒーは、国家経済を牽引する極めて重要な産品であり、かつては輸出金額の60%以上をコーヒーが占めていた時代もある。それだけ外貨獲得の多くをコーヒーに依存していたことから、**国際コーヒー価格**の激しい変動は、そのまま国家の財政に大きな影響を与えてきた。

かつて長期間続いた内戦や圧政によって海外資本が流入することも少なく、大規模な農業開発がなされないまま、現在に至るまで、膨大な数の小規模コーヒー農家によって国の産業は支えられてきている。

小麦の価格高騰を受け、その代用にキャッサバの消費を促した大統領。その発言はある種の炎上騒ぎにもなったが、いまだ金銭的には決して豊かとはいえない、ウガンダ国民の生活の実情を、世界に如実に知らしめる言葉でもあった。

されど、ウガンダには「コーヒーの国」としての輝かしい一面がある。それはコーヒー発祥の地としての歴史だ。コーヒーの二大品種であるアラビカとロブスタ。前者のルーツがエチオピアであるのはよく知られるところだが、後者のルーツがウガンダ付近であるということは、エチオピアほど知られてはいない。

ロブスタは、世界ではエスプレッソの材料として、日本では喫茶店向けのブレンドや、缶コーヒー、インスタントコーヒーの原料としても重宝される。

そしてウガンダは、現在でもインドネシア、ベトナム、ブラジルといった大規模プランテーションが普及した国々に迫る〝ロブスタ界の雄〟なのだ。

カトが振る舞ってくれたネスレのインスタントコーヒーは、いわば高級なコーヒーであった。

宿代すら払っていなかった私は、カトの温かいホ

今旅の相棒である大学生時代の友人、ダイチくん（左）と、我々二人を泊めてくれた家主、カト（右）。朝食を囲みながら「ネスレ」と「ユニーク」のインスタントコーヒーを飲み比べていた時の写真。

スピタリティを改めて感じ、右手に持ったボトルの〝UNIQUE〟の文字をしばし眺めた。そしてそのボトルを固く握りしめ売店を出る。

外にはネスレのボトルを握るカトが、こちらに背を向けて帰路に着こうとしていた。私は赤土で固められたカンパラの道を早足で歩いた。

16 サハラの白い砂漠で飲んだ人生最高のコーヒー

高校二年の冬。地元である愛媛・宇和島にオープンしたコーヒーの自家焙煎店をきっかけに、寝食を忘れ、身体の内から発せられる若さゆえの粗削りな情熱を一心に傾けてきたコーヒー。

そんな液体は、大学生活の四年という、本来バラ色であるはずのキャンパスライフを茶褐色に染め上げ、果てに生涯の職として決定づけるほど、私の人生に劇しく沁み込んだ。

十代の終わりから二十代の終わりまでの日々を一滴残らず捧げることで、万を超える杯数のコーヒーを飲んできた私だが、どうしてまた、このエジプトの砂漠で口にした一杯が「人生最高のコーヒー」として記憶に残っているのか、その理由は詳らかでない。

しかし、この体験を起点に、コーヒーに対する意識と見方が一変したのは確かである。その時の私の心情に従えば、その一杯はコーヒーという飲み物についての、何かしらの「解」を導いていたに違いない。

学生時代より思い焦がれていた、念願のコーヒー企業に入社した私は、来る日も来る日もパソコンの前を一歩も動かない、商品の受発注をはじめとした事務作業の日々に気骨が折れ、生豆の部署に移動して半年も経たぬうちに、その場を逃げるように退職した。

それは、ひとえに自分の精神的な弱さによる忍耐の欠如からの決断であり、当時行っていた業務が、コーヒーの商いを行う上での経験として、とても大切なもの

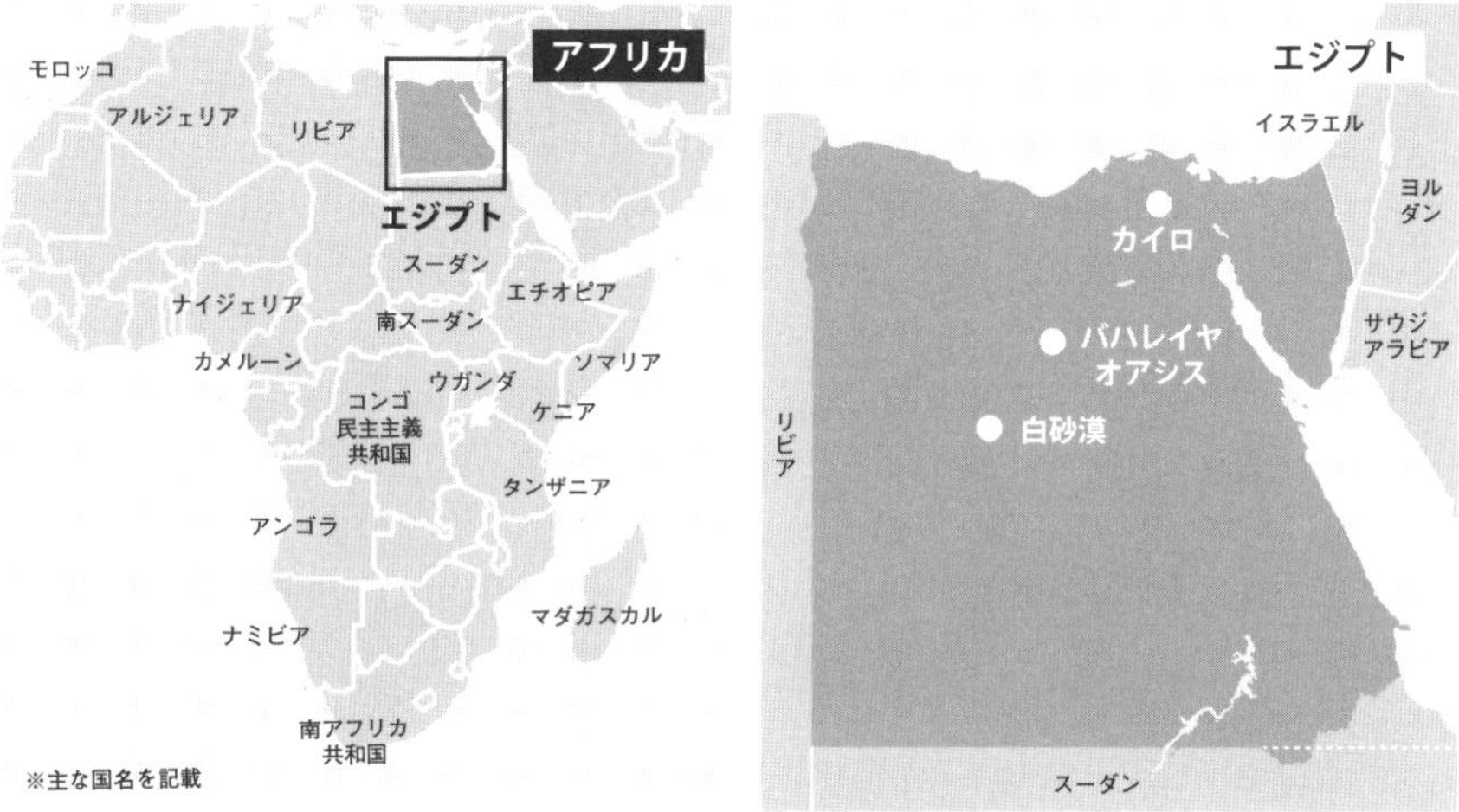

正式名はエジプト・アラブ共和国。人口は約1.1億人で、総面積は日本の約2.7倍ほど。日本と同じほどの人口を有し、倍以上の広さを誇る国だが、その国土の約95%が砂漠地帯であるため、ことのほか可住地面積は少ない。それゆえ、グローバル都市である首都カイロは、世界でもトップクラスに人口密度が高いことで知られる。また、宗教上アルコールをほとんど飲用しないため、コーヒーや紅茶のニーズが高い。

だったとうかがい知るのは、もう少し先のことになる。

そんな若さゆえの焦りから、世間的にも早計な退職を決意した日の夜。大阪での大学生時代に世話になっていた、現職である株式会社ワコーの社長、乾（いぬい）さんに電話をかけた。

「お疲れ様です。荻原です」

大学卒業後も、ままに飯や電話と世話になっていたため、この架電に特段の緊張はない。私は、特に前置きを並べることなく、言葉を続けた。

「会社辞めようと思うんですけど、、ワコーで働かせてもらえませんか」

事細かに当時の精神状況を覚えているわけではないが、コーヒーに対する初めての挫折や限界感に、幾らか気落ちしていたのは間違いない。無駄話をするほどの余裕もなかった私は、自身の状況と希望を、言葉少なく端的に伝えた。

「いいですよ。仕事考えとくんで、退職日決まったら教えてください」

度量というか、漢気というか。乾さんの自由闊達な返答に、私はその夜、株式会社ワコーにこの身を拾ってもらうことが決まった。

大変有り難くも、どこか気の抜けた転職活動。数ヶ月後には畑は違えど、コーヒー屋を名乗ることになる。とすれば、より一層コーヒーに傾倒せねばなるまいと、緩んでいたコーヒー屋としての帯をキツく締め直す。

そうして、私は転職のための期間として何となしに設けていた二ヶ月という時間を使い、学生時代の友人と二人で、当てのないアフリカ旅を敢行した。

とりわけ貯蓄はないが、相応に時間に対して鷹揚だった私たちは、往復で十万円ほどの航空券だけを購入し、バックパックをを背負って国境を越える。

タイ→スリランカ→オマーンと、計三十時間のトランジットの末に、旅客機の小窓から見えたのは、想像以上の砂の街。アフリカ大陸一カ国目、エジプトの首都カイロへと降り立った。

人生で初めて歩くアフリカの砂漠の街は、異国らしい雑多な景観が流れゆく中に、経験した事のない緊張感が朝から晩までチクチクと肌に刺さった。

商魂たくましい屋台を皮切りに、その街並みに確かな熱量は感じるものの、東南アジアのような、活気と喧騒が入り混じる気力旺盛な雰囲気はない。むしろ、人も物もどこか落ち着いている。

ただでさえアジア顔で注目を集めていた我々が、この街の道端で粗相をしようものなら、ごめんなさいだけの簡易な詫びでは済まないのではないか。そんな過剰な憂いと差し迫った不安を覚えつつ、私は誰とも目が合わぬよう、視線を遠くに置きながら歩いた。

この街の空気のいわれには、少なからず宗教的な事

1カイロ国際空港に着陸する間際、機内から撮影したカイロの街。文字通り"砂の国"という印象を受けるほど、見渡す限り茶色の世界。気温は高くも、空気はカラッと乾いており、温度計に表示されるほどの暑さは感じない。　2ギザのピラミッドを訪れた際、「ここを徒歩で周るなんて信じらんない!」とオーバーに叫ぶ客引きに負け、これも経験と思い乗車したラクダたち。最初に提示された価格の倍額を請求される乗車賃のぼったくりは、ピラミッド観光の"あるある"らしい。金は無くも時間のある我々は、炎天下のもとでラクダ引き屋と一時間以上揉めた。

情を感じざるをえない。国民の九割がイスラム教徒であるエジプトでは、飲酒や博打、風俗の類が基本的に良しとされていない。それゆえ、繁華街の雰囲気も諸外国とは打って変わり、どこの街でも見かけるバーやクラブの代わりに、スイーツ店やコシャリなどの軽食を出す店が軒を連ねている。

酒もギャンブルも軒並み愛好する私からすれば、半ば禁欲の街にも思えるカイロにおいて、本来それらで発散されるはずの欲を一手に率いるのが、喫煙物と甘い物を提供しているカフェの存在である。

もっぱら男たちの娯楽はタバコにシーシャ、そのお供となるのはコーヒーをはじめとする砂糖のたっぷり入った甘いドリンク。海外に行った際でも最近はあまり見かけなくなった、タバコを一本売りしている売店が街には目立った。

訪れる国と、おおよその日程だけを定めた今旅。訪問先で何をするかは、毎度到着してからの会議で決めることになっている。

エジプトといえば……。

そんな連想を始めるも、たいした知識を持ち合わせない私たちは、「ピラミッド」を挙げて以降、顎に添えられた右手と眉間に寄せられた皺が戻らなくなった。

エジプト滞在の初日、行き先の議論を断念した我々は、幾ばくかの義務感を胸に、カイロ市内のはずれにある巨大な三角の王墓へ向かう。

そこでおびただしい数の客引きとのやり取りに疲弊しながら、広大なエジプト文明のいくつかを、二頭のラクダの背に揺られながら見てまわった。

乗り心地の悪い四つ足のタクシーを降りた後、事前に提示されていた価格の倍額を請求された私たちは、炎天下の砂漠のど真ん中で歴史のロマンを吹き飛ばすような不毛な交渉の末に、意識外の支出を回避するこ

1白砂漠ツアーを予約するために訪れた、現地の旅行会社。ツアー日程やバスの乗り換えタイミングなど、かなり丁寧に説明してくれる。 2ツアーの開始拠点となるバハレイヤオアシスへ向かうための乗合バス。地元民の移動手段でもあるため、車内は常にすし詰め状態。それゆえ、我々の荷物も車上に括り付けられそうになったが、必死に頼み込んだ末、足元へ置くことを許された。

とにようやく成功した。

気力と体力をすり減らしたピラミッド帰りの電車内。エジプトに関する知識がからっきしであったことを再認識した我々は、そこでようやくネットの中にある先人たちの旅の記録を手分けして探索しはじめた。

そこにはさまざまなエジプト国内ツアーのブログや記事が散見されたのだが、その参加費は二万から五万円と一様に値が張る。

もとより貧乏旅な上に、今しがた砂漠の乗り物に法外な乗車賃を支払いかけた我々の財布の紐は、警戒心も相まって、いつにも増して固く締められている。

そんな面持ちでスマホを慎重にスクロールしていると、一つのネット記事が目に止まった。


「**一泊二日の白砂漠ツアー**」


かつて海底であったサハラの一部の砂漠地帯には、その名残りから、石灰岩で形成された多種多様な白い岩々が乱立する場所があり、それらの横でキャンプをしながら、夜は星空を眺望するという内容のツアーらしい。

気にしていた料金は、他のツアーとほとんど変わり映えしなかったのだが、とあるブログに、「現地の旅行会社で予約すると一人一万円を切る」という真偽は不確かだが、噛みごたえのある情報に食指が動いた。何より「白」に「砂漠」と、ま

コシャリ
米や豆、パスタを合わせたものに、トマトソースをかけ、上にフライドオニオンをトッピングした食べ物。「コシャリ」はアラビア語で「混ぜ合わす」という意味で、スプーンでかき混ぜながら食べる。安くて腹持ちが良く、日本で言うところの「立ち食いうどん／蕎麦」のような感覚に近い。

一泊二日の白砂漠ツアー
エジプトの国内ツアー。申し込むツアー会社によって参加料金はまちまちで、我々が最安の部類に入ると思われる。その分、乗合バスに乗車する回数も多く、帰りのバスがエンストし、高速道路で立ち往生した際も、特にツアー会社が助けてくれることはなかった。

1白砂漠ツアーのスタート地点となるバハレイヤオアシスにあるホテル施設。ここで簡単な昼食を摂った後に、本旅のガイドと合流すると「水が補給できる最後の場所だよ」と伝えられる。突如として走る緊張感に、我々は持ちうるペットボトル全てを水でパンパンにした。 2ガイド兼ドライバーを務めてくれた"アフマッド"の後ろ姿。言葉数は少なく、寡黙でシャイな印象を受けた。ツアー中のトラブルも一切なく、ここに来るまでに出会ってきたエジプト人の"陽気で適当"というイメージとは一線を画すほどに"仕事人"な男性だった。

っさらな空間を想起させる単語の並びが、社会、そして砂漠に疲弊していた我々の胸を打った。

無計画にようやくたどり着いた砂漠の国で、今ひとつ手応えのない時を過ごしながら電車に揺られていた私たちは、月並みに心身を潤すオアシスを求めるよう、現地のツアー会社へ赴(おもむ)き、エアコンの効いた少々ホコリっぽい部屋でツアーの申し込みを行った。

参加費用は一人八千円ほど。どうやらあのネット記事が言うことは正しかったらしい。

特段トラブルが起きることもなく、無事に白砂漠ツアーの予約を終えた私たちは、明日の集合場所を念入りに確認しつつ帰路についた。

翌朝、年間降水量が三十ミリ未満と言われるカイロの空は、その日差しで目が痛くなるほどに快晴だった。Tシャツの袖で汗を拭いながら、売店で購入した四ポンドのパサつくパンをかじりっていると、予定時間を二〇分オーバーしたところで旅行会社のスタッフが待ち合わせ場所に現れる。

「思ってたより早いな」

昨日までの気疲れが怪我の功名となり、心の器を海外仕様に切り替え始めていた私は、相方のつぶやきに軽く同意をし、我々を含め乗員が十人を超えるギチギチの相乗りバスに乗り込んだ。

砂が入るため、握り拳も通らない程のすき間しか窓を開けられない蒸し蒸ししたドライブは、一度の休憩を挟んでおよそ五時間続いた。

汗と砂でTシャツの袖をぐしゃぐしゃに汚した私たちは、白砂漠へ向かう最後の拠点だというバハレイヤオアシスに建てられた、小さな宮殿のような外観の施設に二人だけ降ろされた。

そこで簡易的な昼食を摂り、空になったペットボトルに満杯まで水を補給した後、白砂漠へのドライバー兼ガイドと合流する。スラリとした上背に、藍色のボ

白砂漠の目玉スポット“キノコを見る鳥”。かつて海底であった白砂漠は、珊瑚の死骸などが固まって形成された石灰岩が至る所に点在している。その中でも大きいものが、風によって何千年もの間に削り取られ、キノコや花の形をした白いオブジェとして観光名所になってきた。茶色の砂漠に、白い石灰岩製の自然物が無数に広がる、その光景が“白砂漠”と呼ばれるゆえんである。

ーダーが涼しげなポロシャツを着た青年は、ぎこちない英語で「アフマッド」と名乗った。

それに続けて、我々も名前だけの簡単な自己紹介を済ませると、他に言葉を交わす間もなく矢庭(やにわ)に踵(きびす)を返したアフマッドは、その足で路上に停められていた車へそそくさと戻っていく。

我々は静かにその背中を追い、彼がハンドルを握る、年季の入った白いランクルに乗り込んだ。

走り出してまもなく、舗装された道路を迷いなく外れたランクルは、道なき砂の高原を四方八方に跳ねながら進んでいく。この道のりで、幾分尻の皮が厚くなっただろう。

そんな悪路との格闘を他所(よそ)に、車窓から見える景色はみるみるとその姿を変え、落ち着いて外が観れるようになった頃には、砂と石以外何も無い世界が広がっていた。

行き道の会話で、英語はほとんど話せないと呟いたアフマッドは、始終両手で寡黙にハンドルを握り、道なき道をグングン進んでいく。

険しい道中とは裏腹に車中が閑やかなランクルは、いくつかの撮影スポットで停車しつつ、さらに走り続けること五時間。カイロから南西に六七〇キロ走った、計十時間に及ぶ往路の末、我々はやっとこさ目的の白いキャンプ地に到着した。

影なんてものはほとんどなく、きつい日差しが全身を照らす。それでいて、吹きつける風はカラッとしていて不思議と不快感はない。

草木は視界の届く地平線の先まで見当たらず、不気味なほどに生物の気配がない。

これっぽっちも風に揺られるものがない、無音の世界に立ちほうけていると、慣れた手つきで荷物を降ろすアフマッドから「キャンプの設営をするからゆっくりしていてくれ」と声をかけられた。

見渡しても腰をかけられるようなところは無い。私たちは背中に背負っていた荷物を降ろし、砂の絨毯に足を伸ばした。

当ツアーの売りである地平線に沈む夕陽を背景にした、二人きりの撮影大会にも限界を感じてきた頃、即席のテーブルに大小の器を並べているアフマッドから「Ｄｉｎｎｅｒ！」とコールが掛かる。

いつしか靴を脱ぎ捨て裸足だった私たちは、足元に細心の注意を払いながら声がした方向へ小走りで向かった。

するとそこには、立派なキャンプ地と砂を掘って作られた焚き火場が出現しており、私たちの気分は最高潮に高まった。

時刻は一九時を過ぎた頃で辺りは薄暗い。テーブルにはこれまた美味そうな料理が並んでいる。いただき

アフマッドが作ってくれたベースキャンプ。軽く水を撒いた地面に、何枚かのカラフルな絨毯を重ねて敷いていた。風除けに絨毯を横張りしているが、天井はない。それゆえ、夜は満天の星空を眺めながら、自然と眠りにつくことができる。砂漠の夜は冷えるというが、その寒さは薄手のパーカーがあれば凌げるほどで、基本的には快適。

ますをする頃には完全に日が落ち、灯りとなるのは、キャンプ地から二、三メートルほど離された焚き火と、頭上に灯る半分欠けた月だけになっていた。

月明かりで食べる夕食。

気づけば風も止み、ブリキの食器と鉄のフォークが擦れる音だけがチャカチャカと響く。

「この食事は一生忘れないんだろうな」なんて柄にもない感傷に浸りながら、小さいパスタがたっぷりと入った、少し塩味の強いスープを具材ごと啜った。

全ての料理をおかわりし、腹がパンパンになった私のは、そのままゴロンと天を仰いだ。

食事に夢中で気づかなかったが、視線の先に浮かぶは月に負けじと輝く星の群れ。

星座表を印刷して貼り付けたような夜空は、感動を超えて感心すらさせてくる。

その光景に目を奪われつつ、血糖値の上がった私の背中は、しばらく砂の大地と同化していた。

　夕食がひと段落し、空になった三人分の食器を手早く重ねたアフマッドは、それらをプラスチック製のカゴにガサっと投げ入れた。

　彼はガチャガチャと鳴るそのカゴをキャンプの隅に移動させると、隣に置かれていた大ぶりのバスケットを迷いなく手に掴む。

　そして反対の手で水のタンクを掴むと、彼は踵を返して我々の前を通り抜け、煌々と燃ゆる焚き火の前に、どさっと胡座をかいた。

　アフマッドは焚き火の火に赤く照らされながら、運んできたバスケットの中に手を伸ばし、鉄製のポットと二つの小さなブリキ缶を取り出した。

　彼が慣れた手つきで回し開けたブリキ缶を覗き込むと、その中には、それぞれ黒いコーヒー粉と白い砂糖がたっぷりと入っている。

　それらを鉄製のポットに目分量で落とし入れると、手元のタンクから水を注ぎ、煌々と燃ゆる薪の上に慎重に焚べた。

　しばらく静観していると、白い湯気が上蓋のすき間から漏れ出るように立ち上る。

　徐々にその勢いを増す湯気をひとしきり眺めていると、革製の厚手のミトンを右手にはめたアフマッドが、そのグツグツと煮立つポットをゆっくりと引き上げた。

　彼は、あらかじめ砂の上に並べていた三つのデミタスカップに、その造作なく出来上がったコーヒーを、順番に一つずつ注いでいった。

「Ｔｈａｎｋｓ」

　呟くように礼を言って受け取ったカップは、ところどころに塗装がはげて独特な趣がある。

　その様相は身も蓋も取っ払うと、単にボロボロな容器ではあるのだが、この場の状況を鑑みると、これ以上にないくらい打ってつけの器にも思える。

1砂漠の夕暮れとタンクトップ姿の私。このアフリカ旅は目まぐるしく宿が変わるため、衣類の洗濯が行える機会が少なく、手洗い後に速乾してくれるタンクトップを、大変重宝していた。 2鉄製のポットからコーヒーを注ぐアフマッド。3人分のカップに、均等にコーヒーが行き渡るよう、少しずつ細かく、熱々のコーヒーを注ぎ分けていく。焚き火にライトアップされた、そんな彼の姿は、さながら絵画のようだった。 3水とコーヒー粉に、多めの砂糖。細かい分量は気にせず、それらを投げ入れたポットを焚き木の上に焚べる。他の旅行者の紀行文を読むと、このツアーでは、コーヒーではなく、紅茶を淹れてくれる場合もあるそうだ。

カップの八割ほどまで注がれたコーヒーの液面には、まばらにコーヒーの粉が浮かんでおり、中近東でポピュラーなイブリック式で淹れたことがわかった。

アフマッドが最後に自分用のカップにコーヒーを注ぎ終わると、私たちは焚き火をぐるりと囲むように座り、それぞれが右手に摘んだ小ぶりのカップを、ゆっくりと煽った。

トロミのある、ほろ苦くも甘い味がじんわりと舌に広がる。焚き火で煮だしたことで強調される苦味や雑味は、たんまりと入れられた砂糖で包まれ、絶妙なアクセントとして効いている。

そんな液体は、これまでブラックを中心にたしなんできた私の、コーヒーに対する凝り固まった固定観念を、ほろほろと角砂糖のように溶かしながら、ゆっくりと喉奥から腹の中へと落ちていった。

当時の私は、コーヒー商社から町のコーヒー屋へと、自身がより消費者側の位置に近づくことに、前のめりな野心を抱いていた。

一方で、嗜好を超えて、使命感すら覚えて就職したにも関わらず、その仕事に耐えられず、わずか一年半で逃げ出したという一遍の事実は、心に黒い影を落としている。自分は、この先もそれを繰り返してしまうのではないか。自分が追い求める仕事とは、そしてコーヒーとは、いったいどういうものなのか。

夢想と憂いを抱えたまま降り立ったアフリカの地。転職への期待と不安が交錯し、張り詰めていた緊張の糸が、この白い砂漠の一杯でトンとほどけた。

身体全体に薄い疲労が広がり、私はその身を砂の絨毯にまかせて、空を見上げる。先刻より重くなったこの身体に不思議と不快感はなく、かえって心地良さすら感じた。

ほどなくして、私はその場に座り直し、唇に乗っていた大粒のコーヒー粉を左手で摘み、焚き火を目掛けて弾いた。

私が生涯の職として選んだコーヒーというのは、こんなにも大らかに扱ってなお、これほど「ウマい」と唸(うな)れるものなのか。

これまで日本で学んできたイロハは、世界に存在するコーヒーの、ほんのひとかけらであった。

十年一日(じゅうねんいちじつ)のごとく頭上に広がる星空を見晴らし、右手で摘んだ大味で甘いコーヒーをふたたび啜(すす)る。

コクリと小さく喉を鳴らした私は、視線をふたたび夜空へ戻し、澄んだ砂漠の空気を肺いっぱいに吸い込んで、長く静かに息を吐いた。

空になったカップを回収すると、アフマッドは何も言わず、重ねられた食器の入ったカゴを抱え、どこかに歩いて行ってしまった。

私は念のため、大方消えかかっていた焚き火の番をしようと、天を見上げていた上体を起こし、砂の上に胡座をかく。

そこで何をすることもなく、目の前で小さく弾ける焚き木の音に耳を澄ませていると、ゆらゆらと踊る小さな赤色の横に、余っている二本の薪を発見した。

手持ち無沙汰だった私は、それを消え掛かっていた焚き火に焚(く)べ、昨日見たスフィンクスのような姿勢で細く長い息を吹きかけると、よく乾燥しているためか、直ぐに火が燃え移った。

少し離れた場所に座る相方と、特段言葉を交わさずに、今宵一番の大きさの火柱を眺める。

少し肌寒くなってきた砂漠の夜。夜のしじまにゆらめく赤色は、私たちだけを照らしていた。

あとがき

コーヒーに目覚めた高二の冬からおよそ一年が過ぎた頃、推薦入試で早めに受験を終わらせていた私は、「とにかく家族以外の誰かに自分の淹れたコーヒーを飲ませたい」という欲が抑えきれなくなり、ある夜、コーヒー豆とコーヒー器具一式を収めた木箱をチャリンコの荷台に括り付けて、まだ受験が終わっていない友人の家に向かってペダルを漕いだ。

おそらく勉強中だったであろう友人は、気だるそうに私を自室に迎え入れた。私はグァテマラＳＨＢの中深煎りの豆を手回しのミルで挽き、友人がキッチンで沸かしてきてくれた電気ケトルのお湯をカリタの銅ポットに移し、本やお店で聞きかじったウンチクなどを話しながら、悠然と、彼のために一杯分のコーヒーをペーパードリップで淹れてみせた。

抽出が終わり、ドリッパーを取り外そうとした刹那、パーカーを着ていた私の袖がサーバーの取っ手に引っ掛かった。初めて人に淹れる緊張感と、前のめりな気持ちがブレンドされたグァテマラＳＨＢは、ほぼすべて、彼の部屋の絨毯の巨大なシミへと姿を変えた。

以後のコーヒー人生においても、同様の失策は、少なからずあった気がする。いや、確実にあった。ただ、「人に対し、コーヒーを通して何かを成したい。何かを表現したい」という押し付けがましい情熱は、あの友人宅を目指した夜のままだ。荷台の木箱の中の銅ポットに収めたメジャースプーンが鳴らす、ハイハットのような小刻みな響きは、今もまだ聞こえている。

本書の制作にあたり、マッチボックスの下津勇介さんには大変お世話になりました。また、私のコーヒーに対する見解と、人生のターニングポイントを与えてくださった珈琲亭ＴＡＯのマスターとオーナー、株式会社ワコー代表の乾氏、本書の帯にコメントを書いていただいた西田備長炭氏、初めての横の繋がりを生んでいただいた岩崎泰三氏をはじめ、ＹｏｕＴｕｂｅ活動を通して出会った様々な配信者と視聴者のみなさまに、心からお礼を申し上げます。

そろそろ山積みになっているコーヒー豆の焙煎作業へ戻ります。

今後もコーヒーの世界に居座り、勝手気ままに駆けずり回っていきますので、どこかでお会いした際には、どうぞよろしくお願いいたします。では！

荻原（おぎはら）　駿（しゅん）

巻末綴じ込み付録について

巻末綴じ込みの「ロースティングカラーチャート／コーヒー生産国マップ」は、破線を目印にカッターなどで書籍の本体から切り離して、本のしおりとしてお使いください。「ロースティングカラーチャート」は、荻原 駿がワコーコーヒーで焙煎作業を行う際の焙煎度合いを、印刷上で可能なかぎり再現したものです。コーヒーを淹れる際、そのコーヒーの焙煎度合いを判断する目安の一つとして、ご活用ください。片面の「コーヒー生産国マップ」は、コーヒーの生産量などを念頭に重要と思われる50カ国をピックアップしました。海の向こうにある「コーヒーの国」への興味・関心を深めるきっかけとして、お役立てください。

正解は、コーヒーに訊け。

2024年10月18日　初版第1刷発行

STAFF
カバー、本体デザイン：ヨシダヤジュン（Syncthink）
写真：荻原 駿　下津勇介
イラスト：山本和香奈　ヨシダヤジュン、森川佳苗
企画・構成：下津勇介（マッチボックス）

著者　荻原 駿
発行人　塩見正孝
編集人　及川忠宏
発行所　株式会社三才ブックス
〒101-0041
東京都千代田区神田須田町 2-6-5 OS'85 ビル
電話 03-3255-7995（代表）FAX 03-5298-3520
メール　info@sansaibooks.co.jp
https://www.sansaibooks.co.jp
問い合わせ　info@sansaibooks.co.jp

印刷・製本　TOPPAN クロレ株式会社

ISBN978-4-86673-427-9　C0077